了不起的
生物学

孙轶飞

著

生命的螺旋阶梯

人民文学出版社　天天出版社

图书在版编目（CIP）数据

生命的螺旋阶梯 / 孙轶飞著. –– 北京：天天出版社，2024.3

（了不起的生物学）

ISBN 978-7-5016-2267-2

Ⅰ．①生… Ⅱ．①孙… Ⅲ．①脱氧核糖核酸 - 普及读物 Ⅳ．①Q523-49

中国国家版本馆CIP数据核字(2024)第042236号

责任编辑：郭 聪　　　　　　　**美术编辑：林 蓓**
责任印制：康远超 张 璞

出版发行：天天出版社有限责任公司
地址：北京市东城区东中街 42 号　　　**邮编：**100027
市场部：010－64169902　　　　　　**传真：**010－64169902
网址：http://www.tiantianpublishing.com
邮箱：tiantiancbs@163.com

印刷三河市博文印刷有限公司　　　　**经销：**全国新华书店等
开本：880×1230　1/32　　　　　　　**印张：**7
版次：2024 年 3 月北京第 1 版　**印次：**2024 年 3 月第 1 次印刷
字数：125 千字

书号：978-7-5016-2267-2　　　　　**定价：**42.00 元

目录 Contents

前面的话：
用好奇心探索生命的秘密

　　为什么人类的科技在不断进步？很重要的原因是我们拥有无穷的好奇心。冬去春来，日升月落，这些景象在所有生物的眼中都不稀奇，但是，我们人类的祖先会忍不住问："为什么会出现这些现象？"

　　正是在寻找这些问题答案的过程中，这个世界上出现了天文学。今天，我们人类已经可以进入太空、登上月球，甚至开始向火星进发。可以说，这一切都始于最初的那一点点好奇心。

更重要的是，好奇心没有界限，无论是遥远的星空还是我们脚下的土地，都隐藏着无数秘密，这些秘密在等着我们怀着好奇心去不断挖掘。当天文学家仰望星空的时候，另一群人则把目光投向了这个世界上的生物。

为什么所有生物都和自己的父母长得很像？这个问题看起来很简单，似乎是天经地义的，但想要真正找到答案，难度并不亚于登上月球。任何一门科学想要取得进展和突破，都需要其他学科的辅助，只有各个学科之间相互促进，才能共同进步。

这一点我们在生物学，特别是在遗传学的发展过程中可以看得十分清楚。

在古希腊时期，学者们只能凭借肉眼观察和推理，这是他们所能做到的极限了。随着显微技术的进步，科学家们观察到细胞核与染色体，并且确定就是它们承载了遗传信息。

但是，想要更进一步的话，显微技术也不能满足科学家们的需求了。随着遗传学的进步，他们发现真正的秘密藏在更加微观的世界里，而这已经超出了生物学的研究范围，那是化学家和物理学家才能了解的领域。

因此，在这本有关遗传学故事的小书里，你会看到很多本身不是遗传学家的科学家，他们对遗传学做出的贡献却是不可替代的。这是多么奇妙的一件事：在不同领域进行研究的科学家们为了一个共同的目标团结在一起，最终揭开了关于各自领域的秘密，而这些秘密联结起来正是关于所有生物的秘密。

也正是因为遗传学的发展需要其他学科的帮助，所以，遗传学是一门很年轻的科学。毕竟在古代社会里，就算科学家们想研究遗传学，也缺少大量相关的知识。特别是在20世纪，遗传学有了突飞猛进的发展，涌现出一大批重要的遗传学家。

你肯定知道，在20世纪初，瑞典化学家诺贝尔设立了"诺贝尔奖"，用来奖励、激励那些在不同科学领域做出重大贡献的科学家，这个奖项已经成为全世界科学界举足轻重的奖项之一。获得"诺贝尔奖"的遗传学家有很多，他们大大促进了全人类的科技进步，我们理应记住他们的名字。当然，还有很多贡献巨大的遗传学家因为种种原因与这个奖项失之交臂，但他们实实在在的贡献同样不可磨灭，我们也应该铭记他们的名字。

在这些伟大的遗传学家身上，发生了许多有趣的故事，伴随这些故事，遗传学得到了飞速的发展。只不过让人意想不到的是，困扰了人类无数个年月的终极秘密竟如此简单，生物的所有遗传信息居然是两根螺旋形的链条，这究竟是怎么回事呢？在这本书中，你将找到答案。

当然，这两根链条虽然简单，却承载了关于生物最重要的知识。我们常说书籍是人类进步的阶梯，而这两根神秘的螺旋链条则可以称作生命的阶梯。只有踏在这个阶梯之上，我们的生命才能得以延续。

下面，就请你和我一起去看看，科学家们发现螺旋阶梯的精彩故事吧。

第一章　一万年前

虽然不懂遗传学，但是会应用

遗传学的历史很短，只有一百多年的时间，但早在几千年前，我们的祖先就已经开始了解并运用遗传学相关的知识了。正是靠着这些知识，古代中国人培育出包括大米在内的很多农作物以及牲畜。有意思的是，在古希腊神话中，同样可以看到那时的人们对于遗传学基本规律的认识。

中国农业造福世界：一切从米饭开始

关于遗传学的故事，是从我们碗里的大米饭开始的。

人类想要有大米吃，就需要种水稻。水稻的种子有一层硬壳，把它去掉之后就是我们熟悉的大米了。在大约一万年前，就已经有人开始种水稻了，这些人正是咱们中国人的祖先。没错，中国是全世界最早驯化和种植水稻的地区之一。

在人类把植物驯化成农作物之前，它们只是野草而已。但是，我们的祖先发现有些野草的种子不一般，它们不但可以填饱人们的肚子，味道似乎还很好。于是，祖先们很自然地想到一个问题，能不能把它们变得产量更大并且更好吃呢？如果能够成功做到这样，人们不就获得稳定的食物来源了吗？

带着这样的愿望，人类经过了上万年的努力，驯化了很多植物，直到今天这些植物还在为我们提供粮食、蔬菜等生活必需品。看上去这似乎并不是一件大事，事实上，这是人类历史上至关重要的转折点，因为它宣告了农业时代的开启。农业让我们的祖先有了充足的食物，让他们能够获得更稳定的生活，进而孕育出伟大的文明。没有农业，我们今天看到的一切都无从谈起。

在世界各地的早期文明中，都有关于驯化植物、种植农作物和发展农业的故事，我们的祖先在其中做出了极为突出的贡献。大豆、小米、柑橘类水果、瓜类水果还有茶叶，这些东西都是中国人最早种植出来的。

不得不说，在帮助人类填饱肚子这件事上，中国人的贡献无可替代，水稻是其中特别重要的一种作物。

由于年代太久远了，现在我们已经无法知道水稻种植技

术出现的具体时间，更无从知道究竟是谁开创了农业，不过，无论如何我们要感谢开创农业技术的那些无名英雄。那么，农业技术究竟是怎样出现的呢？

首先，我们可以设想一下，祖先们觉得什么样的植物适合种植？当然是产量大、味道好，而且有营养的植物，如果它们还能在恶劣的环境中顽强生存、种植起来又方便，就更完美了。毕竟，只有这样才能保证产量最大化。而当这些愿望都得到满足的时候，便是野草正式变为庄稼的时候。

今天，我们只能进行合理的猜测和想象：在一万多年前的某一天，一个人发现某种草的草籽很好吃，于是，他选了一块肥沃的土地，并在这里撒下草籽，希望它们能够在第二年结出更多的种子。如果能够成功的话，他和他的族群就不需要再四处迁徙，因为只要守着这片能结出种子的草，就可以得到足够多的食物。幸运的是，他真的成功了，并且得到了一种能够稳定提供粮食的植物，从此，他和他的族群结束了四处迁徙的生活，年复一年地住在同一个地方。

人类只是大自然中的一分子，并不是所谓"大自然的宠儿"。大自然不会主动创造一种植物，让它来专门满足人类的愿望，想要得到适合种植的农作物，这个任务只能靠人类自己来完成。

为了达到这个目的，我们的祖先挑选了最大、最饱满的野草种子，然后将它们种在地里，默默期待它们长出大而饱满的种子。经过一代又一代的筛选，祖先们终于得到了水稻，满足了他们对食物的需求。

今天我们熟识的水稻，在收获、脱壳之后变成了大米，每一粒都晶莹剔透，吃起来香甜松软，令人回味无穷，自然界中的某种野草就这样被人类驯化，成为水稻这种农作物。

虽然完全没有自觉意识，但在驯化水稻的过程当中，我们的祖先已经利用到了遗传学的知识。当他们挑选大而饱满的种子，将它们种到田地里的时候，一定希望能够得到同样大而饱满的种子，这便是遗传学中最重要、最核心的内容之一：生物的后代总是会保留前代的特性。

同时，我们的祖先经过不断筛选，得到了更大、更好的水稻品种，而在这个过程背后隐藏着遗传学的另一个重要现象：虽然生物的后代保留了前代的特性，但它们并不是完全相同的，而是会有细微的差别。换句话说，在遗传的过程中会发生变异。

现在我们可以看出，遗传学要讨论的基本问题有两个：一是相似；二是变异。

不过，遗传和变异究竟是如何发生的？这背后的原理到底是什么？人类花费了一万年的时间才找到了这些问题真正的答案。而在这一万年的时光里，大米跟随人类的脚步走遍了全球，最终在世界范围内成为重要的主食之一。比如，在七八百年前，大米传到了意大利和葡萄牙等欧洲国家，欧洲人也逐渐喜欢上了大米的味道。西班牙人也非常开心地接受了大米，为著名的西班牙海鲜饭的出现做好了准备。直到今天，西班牙仍是世界上重要的大米出产国之一。

1492年，哥伦布发现了新大陆，而大米也从欧洲被带到了美洲，从此，大米成为跨大西洋贸易的重要组成部分。

对于美洲居民来说，一经发现大米既有营养又好吃，就无法抗拒这种食物的魅力。在美洲的加勒比地区，那里的人会把大米和豆子混合在一起做成饭，这是当地的传统食物。

当然，所谓的"传统"，也不过区区几百年而已。毕竟，中国才是大米的故乡，而遗传学的种子也在大约一万年前随着水稻被种了下来。

那么，在中国古代，有关遗传学的故事还有哪些呢？

中国古代遗传学成就：养动物我们是专业的

考古学发现证明，在六七千年前，中国的农业水平就已经很高超了。你肯定知道，中国古代最早的诗歌总集是《诗经》，在《诗经·大雅·生民》这首诗里，就记载着古人种植大豆的事迹。在整部《诗经》里，还记载了350多种植物，甚至提到了关于植物育种的知识，也就是怎样才能培育出品种更好的农作物。很多农作物已经分出了不同的品种，可以说，在那个时代里，这是相当大的成就。而在4000多年前的甲骨文上，还出现了猪、牛、羊、狗这些动物的名称，说明那个时代饲养牲畜也是日常生活的一部分。

同样，在《诗经》里，指称马和牛等动物的名词也特别丰富。比如，"骊"是纯黑色的马，"骐"是青黑色形成像棋盘一样花纹的马，一辆车驾三匹马是"骖"，驾四匹马就是

"驷"。这也从侧面说明，在当时中国不但已经大规模饲养了马和牛，并且祖先们利用遗传和育种的知识，培养出了很多不同的品种。

到了汉代，著名思想家王充写下了《论衡》这部伟大的作品。在书中，王充曾提出"种类相产""子性类父"这样的观点，意思是说生物繁殖的时候都会生出和自己相似的后代。可见，在大约2000年前，中国人已经清楚地认识到遗传现象。

大约在1500年前，贾思勰写出了《齐民要术》，这部作品是有关中国古代农业的伟大代表作。《齐民要术》这个书名是什么意思呢？其实就是"能让老百姓养活自己的重要的技术"。

《齐民要术》一个重要的内容是农作物育种的技术，而育种属于进化论所描述的人工选择，至于怎么分辨植物的雌雄，在这部典籍里也记录了相关的鉴定方法。

这本书的实用性特别强。书里不但教读者怎么分辨植物的雌雄，还把给植物授粉的技术传授给了他们，连怎么鉴定农作物品种的好坏，作品里也提到了非常明确的标准。

在种植果树方面，《齐民要术》也有很丰富的记载。比如，有些植物是需要通过有性繁殖的，也就是用种子来种植；而有些树则需要采用无性繁殖，也就是压苗等方式来种植。在养殖动物方面，《齐民要术》同样有非常充实的记录。比如，如何鉴定马和牛是否属于优良品种，这些相牛和相马技术看似简单，其实有着很高的技术含量。在那个时候，世界上的其他地区都还没有这么系统鉴定牲畜的方法，尽管当时的中国农业专家还没有从遗传现象里总结出遗传学规律，但是他们从经验里得到的实用方法是十分准确的。

在900多年前，宋代的沈括写出了另外一部重要的科技著作——《梦溪笔谈》。在这部作品里已经明确提到生物会在遗传的过程中发生变异，包括环境的因素、气候的因素和人为影响的因素都会造成生物变异的发生。

在大约700年前，元代对于农作物栽培技术有了更详细

的论述，甚至有了关于植物的图谱。不光是农作物，连那些观赏植物也被画成了图谱。在这些图谱中，详细地记载了各种观赏植物的特点以及栽培方法。可别小看这些花花草草的栽培方法，这说明中国古代人已经认识到可以人工控制生物的进化方向。也就是说，只要人为地控制培养条件，就能培养出人们想要得到的新品种。这样的思维已经是在有意识地利用遗传学知识了。

总之，在古代社会里，遗传学知识和农业密不可分，而农业高度发达的中国在这个方面非常领先。除了这些农业知识，古代中国人也认识到子女会继承父母的特性，这同样是遗传规律的体现。那么，欧洲人有没有发现这一点呢？答案是肯定的，我们在希腊神话里能看到这一点。

古希腊神话：注定不平凡的孩子

当人类可以相对轻松地吃饱穿暖之后，就有了更多时间去思考关于这个世界的知识。他们发明了数字、文字，并且开始思考一些终极问题：这个世界究竟从何而来？我们自己又是从何而来？

生命的螺旋阶梯

但是，那时的人类对世界上的自然现象都不太理解，他们不知道为什么太阳东升西落，不知道为什么一年有四季的变化。于是，他们只能想象在这个世界上有一种超自然的力量，或者说是神灵造就了他们所能看到的一切。就这样，人类进入了神话时代。

在神话时代，同样存在着对于遗传学的朦胧认识。人们认识到父母的特性会被子女继承，于是产生了丰富的想象。神话时代的人们认为神灵与神灵结合生下的孩子天生就有不可思议的力量，注定也会成为神灵。而对于神灵与凡人的孩子来说，他们有可能成为神灵，也有可能只是人类。只不过，就算是身为人类，这些神灵的孩子也绝非无名之辈，他们几乎都成为赫赫有名的大英雄。一句话，神灵的孩子注定不会平凡。在古希腊神话里，我们可以找到无数这样的例子，下面这个家族就非常具有代表性。

伟大的宙斯是众神之神、世界的统治者，他战无不胜、无所不能。宙斯还是雷电之神，当他挥舞着雷电的时候，可以打败所有的敌人。在宙斯众多的孩子之中，有一位高大英俊，浑身充满光明的力量，和宙斯一样强大的，他就是太阳神阿波罗。

阿波罗不仅是太阳之神，还是音乐、艺术、诗歌、占卜和医学之神。希腊人非常崇拜阿波罗，直到今天，我们还能感受到他们对于阿波罗的热情，2004 年雅典奥运会会旗上的标志就是象征阿波罗的桂冠。

阿波罗的儿子同样不同凡响，他有一个儿子名叫阿斯克勒庇俄斯。阿斯克勒庇俄斯继承的正是阿波罗在医学方面的天赋。阿斯克勒庇俄斯刚出生的时候是凡人，渐渐地成长为一代名医。传说在他行医的时候，总会随身携带一根手杖，身边还跟着一条大蛇，于是，蛇缠绕手杖的标志就变成了医学的标志。直到今天，我们在救护车和世界卫生组织的标志上还能看到它。阿斯克勒庇俄斯去世之后，他的形象升入天空，成为蛇夫座，阿斯克勒庇俄斯随之成为医学之神。

在这些故事里，我们可以看到这样的规律：宙斯是希腊神话中最强大的神灵，他的儿子阿波罗是太阳神，同样拥有强大的力量，而且掌管了诸多行业。至于阿波罗的儿子，虽然开始是个凡人，但最终还是升入天空，成为

神灵。

这些神话表明，古希腊人已经清晰地形成了这样的观点：孩子会从自己的父母那里继承很多特性，或者说，孩子会和自己的父母保持高度相似。也正是因为有了这样的观点，古希腊人形成了一个有趣的传统，只要是有身份地位的人，往往都会给自己找到一位神灵当作自己的祖先。你一定听说过希波克拉底这个名字，他被认为是西方医学的创始人，被尊称为"医圣"，以他的名字命名的《希波克拉底誓言》是医疗行业世世代代留传下来的道德规范。而希波克拉底最重要的贡献就是让医学摆脱了神灵的影响，是他引领医学走向了理性的道路。非常有趣的是，《希波克拉底誓言》里写进了很多神灵的名字。誓言的第一句话是这么说的："谨在医疗之神阿波罗、阿斯克勒庇俄斯、海吉亚、潘西斯及天地诸神面前为证。"这是不是有点奇怪呢？希波克拉底让医学摆脱了神灵的影响，进入一个新的时代，但为什么在《希波克拉底誓言》里，提到了古希腊那么多负责医疗的神灵呢？

其实，根据传说，希波克拉底是医疗之神阿斯克勒庇俄斯的后代，而这个誓言中提到的海吉亚和潘西斯两位神灵也是阿斯克勒庇俄斯的子女。很明显，《希波克拉底誓言》提到这些神明并不是要宣传神灵医学，而是要向医学界宣告，希波克拉底是神灵的子孙，所以理所当然是医学界的权威。也就是说，在写下《希波克拉底誓言》的人眼里，只有具备医神血脉传承的人，才配得上医学界领袖的身份。

通过希波克拉底的故事，我们可以看到，在古希腊人看来，神灵或人的特性是会被代代相传的，这正是他们对遗传学知识的某种朦胧的认识。也正是希波克拉底通过理性思考提出了关于遗传学的理论，从此开启了通向遗传学的大门。

第二章　古希腊时代

小颗粒和遗传信息

希波克拉底（Hippocrates，前 460—前 377）
德谟克利特（Democritus，前 460—前 370）
亚里士多德（Aristotle，前 384—前 322）

　　古希腊的很多哲学家都试图解释一个问题：为什么生物的后代都和自己的父母长得像？一代名医希波克拉底认为人体中有一种微小的颗粒可以传递生物的所有信息特点，而支持希波克拉底观点的哲学家德谟克利特认为整个世界都是由微粒构成的。但是，伟大的哲学家亚里士多德不这么认为，这是为什么呢？

希波克拉底的遗传学：我猜有些小·颗粒

　　辉煌灿烂的古希腊文明是建立在城邦制度之上的，即古希腊没有形成一个统一的国家，而是存在着大大小小的城市国家。所谓城市国家，就是一个城市可以被看成是一个国家。而在所有的城市国家之中，雅典的文明是最为繁荣的。

我们的中学历史课本提到过一个名叫伯里克利的人，正是在他的统治下，雅典的文明达到了巅峰，这段时间也被称作"雅典的黄金时期"。今天如果我们去雅典旅游，一定会看到巍峨的帕特农神庙，这座建筑正是在那个时期修建的。

也正是在雅典的黄金时期生活着古希腊最著名的医生希波克拉底（Hippocrates，前460—前377）。在医学领域，希波克拉底是当之无愧的权威，他提出的四体液理论影响了西方医学2000多年，直到今天，我们还能看到这个理论对西方文化的影响。

什么是四体液理论呢？希波克拉底认为人体之中有四种体液，分别是血液、黏液、黑胆汁和黄胆汁。当这四种体液处在平衡状态的时候，人体就是健康的；当它们失去了平衡，人体就会出现疾病。用今天的眼光看，这样的理论是错误的，但在希波克拉底提出这个理论的时候，它却是极其先进的。这是为什么呢？

因为在希波克拉底之前，古希腊人认为所有的疾病都是神灵降下的灾祸，只要神灵不高兴，人就会得病；反之，神灵高兴了，人就会重新获得健康。

尽管四体液理论充满了想象，而且并没有真实地反映人体的情况，但在这个理论之中，我们看不到一丝一毫神灵的力量。因此，从摆脱神灵的影响这个层面上，四体液理论已经是一个划时代的进步了。

希波克拉底认为，在四种体液之中最重要的是血液。生物之所以能够发生遗传，也和血液密切相关，正是在血液之中蕴藏了关于生物的全部信息。当生物传宗接代的时候，这些信息就被传递了下去，这就是遗传。那么，这个过程是怎么发生的呢？

希波克拉底所提出的遗传理论叫作"泛生论"，就是人体之中存在一种微小的颗粒——泛生子。在泛生子之中记录了生物的信息，而泛生子正是从血液之中孕育出来的。

现在，咱们一起来一次时空旅行，回到2500年前的古希腊，和希波克拉底一同研究思考一下泛生论究竟是怎么被推导出来的。

首先，我们观察到一个有趣的现象，生物的后代和他们的父母长得非常相似。那么，我们会想到在发育的过程中，这些生物的后代一定需要某种信号的指导，才能逐渐长成和自己父母非常相似的样子。而想要把信息传递下去，一定需要某种实实在在的东西。在希波克拉底眼里，这种真实存在的东西就是泛生子，它就像是父母留给孩子的一封信，上面写满了关于身体的信息。

其次，既然在父母的体内存在泛生子，那么，这些泛生子是从哪里制造出来的呢？我们假设泛生子是在我们的左手中制造出来的，那它应该只包含左手的信息，毕竟右脚长什么样子，左手怎么会知道呢？可是，在遗传的过程中，生物的后代当然要把父母整个身体的情况遗传下去，绝不能只有一部分信息。所以，希波克拉底想到在产生泛生子的过程中，一定要收集全身每一个部位的所有信息。既然需要收集身体的全部信息，自然会涉及出现在全身每一个角落的某一种东西。神奇的是，在希波克拉底的四体液理论之中，恰好有这样东西，那就是血液。

于是，希波克拉底很容易推断出这样一个结论：血液是一种重要的体液，在它流经身体各处的时候也收集了全身的遗传信息，由血液产生的泛生子随之包含了整个身体的信息。而当生物繁衍后代的时候，泛生子就会把这些信息不断地传递下去。

现在我们基本已经清楚了，希波克拉底的泛生论主要包含两个最关键的内容：第一，遗传信息的传递要经过某种实实在在的物质，那就是泛生子；第二，血液是人体内最重要

的液体，泛生子是在血液之中产生的。

现在，我们需要解决另外一个重要的问题。泛生子是希波克拉底想象出来的，它是一种微小的颗粒，是肉眼看不见的。既然肉眼看不见，那为什么他认为世界上存在这种微小的颗粒呢？

德谟克利特的原子论：世界都是小·颗粒

在古希腊时期出现了众多哲学家，他们逐渐摆脱了神

灵的影响用理性去认识世界，其中有一位名叫德谟克利特
（Democritus，前460—前370）的著名哲学家。实际上，
我们对这位哲学家并不陌生，在初中化学课本里这个名字
就曾被提及，德谟克利特是最早提出原子论的人。

德谟克利特认为整个宇宙、整个世界都是由微小、坚硬
且不可分割的原子构成的。当然，德谟克利特提出来的原子
论和我们今天所说的原子论完全不是一回事：在他看来，原
子的种类非常多，简直数不胜数，它们呈现出各式各样的形
状，而且以完全不同的方式组合起来，最终构成了我们眼前
的世界。

以我们今天的眼光，这样的原子论不够准确，但在
2500多年前，这个观点已经十分先进了。不过，那个时代
的人理解不了德谟克利特的思想，他们完全不敢相信世界上
有肉眼看不到的微小颗粒。之后，这些人得出了一个结论：
德谟克利特疯了。于是，就有了这样一个传说，人们为了
治疗德谟克利特的疯病，请来了当时最好的医生——希波
克拉底。

在那个时代，大部分人还在相信疾病是由神灵造成
的，尤其是精神方面的疾病，完全是来自神灵的惩罚，人
们甚至称精神类疾病为"圣病"。但是，希波克拉底坚决

反对这样的观点，他绝不相信精神类疾病和神灵有关系，他认为所有疾病都应该通过理性被认知，于是，他和德谟克利特进行了一番长谈。希波克拉底经过仔细的询问和检查，终于得出了自己的结论：德谟克利特根本没有疯，相反他太聪明了，以至人们无法理解他的思想。有了希波克拉底的诊断，当时的人才逐渐相信德谟克利特是一位智者。

这个治病的故事仅仅是个传说，但这个故事至少让我们知道，这两位智者是生活在同一个时代的人。那么，我们可以大胆猜想，在希波克拉底的泛生论中，关于微小颗粒的想法和德谟克利特有很大关系。

　　事实上，德谟克利特关于遗传学的理论和希波克拉底几乎一模一样，他也相信泛生论。德谟克利特认为生育的过程就是释放出一个胚种，而胚种是由原子组成的。胚种的所有成分都是来自父母双亲，并以父母身体的样子作为蓝本，保存了遗传信息。而在希波克拉底看来，不管是男人还是女人，身体里都流淌着血液，自然也都会产生泛生子。在生下孩子的过程中，男人和女人的泛生子混合在一起，因此，孩子就能同时保留父母双方的特性。

　　简单地说，孩子会遗传父母双方的遗传信息，孩子会长成什么样子，跟父母双方都有关系。在这一点上，希波克拉底和德谟克利特保持了高度一致。德谟克利特认为的"胚种"和希波克拉底提出的"泛生子"虽然名字不一样，但内涵大同小异。

　　不管是希波克拉底，还是德谟克利特，他们都很重视男女平等的观念。也就是说，他们认为男人、女人在遗传的过程中的地位是平等的。"泛生子"这个重要而有趣的概念不但是遗传学的重要基础，还暗藏了性别平等的深意。

　　泛生子的英语是pangene，由pan和gene两个词根组成。Pan这个词根的意思是"全部的"。你肯定知道，在希腊神话中，神灵曾创造出一个名叫潘多拉（Pandora）的女人，每一位神灵都送给她一样礼物。Pan的意思是"全部的"，而dora的意思是礼物，因此，Pandora的意思就是"全部的礼物"。

接下来我们看看gene这个词根，大概你感到有点奇怪，这不就是"基因"的英语单词吗？没错，gene这个词根最初的意思是生下、出生，后来演变成了种族、世代的含义。到了20世纪初，科学家才用gene这个词根创造出了"基因"这个单词。

可以看到，英语的词根相当于汉语的偏旁。在汉语里，不同的偏旁部首组合在一起，就能形成新的汉字，而在英语中，不同的词根组合在一起，就会形成新的单词。我们学习汉语的时候，可以通过偏旁部首的含义推测出这个字的含义，比如"鲂"这个字，虽然很少出现在我们的生活当中，但从这个字的偏旁我们就能猜到它应该是某一种鱼的名字。英语也是这样，我们从表示泛生子的单词pangene就能看出来，这个单词表示的含义是"广泛存在的、能传递遗传信息的微小颗粒"。

你可能要问，明明是在讲生物学故事，为什么要仔细讲这样一个英语单词呢？别着急，答案就在后面的故事里。但是现在，我们先要解决另一个问题。在古代欧洲，有人反驳希波克拉底和德谟克利特的泛生子理论吗？当然有！而且这个人的名气极大，远远超过了希波克拉底和德谟克利特，就算说他是欧洲古典时代最著名的科学家也毫不为过，他是谁呢？

亚里士多德的哲学观：根本没什么颗粒

按照今天的观点，泛生子理论显然是错误的。但在当时，这已经是前所未有的突破了。毕竟，人们最初对于遗传现象只有朦胧的猜测，而泛生子这个概念的提出让人们认识到一定有某种东西是实现遗传的基础。当然，这个东西究竟是什么，科学家们花费了 2500 年时间才搞清楚。

总之，泛生子概念的提出是遗传学的里程碑。这个概念从古希腊时期一直流传到了近代社会。我们甚至可以说，之后所有科学家进行的研究都是在泛生子理论的基础上进行的。有趣的是，在泛生子理论出现没多长时间，就有一位伟大的学者对这个理论进行了无情的批判，这位学者的名字是亚里士多德（Aristotle，前 384—前 322）。

我们已经知道，希波克拉底和德谟克利特都生活在雅典的黄金时期。在这个时期里，雅典城中还有一位著名的哲学家，叫作苏格拉底。苏格拉底有一位也是著名哲学家的学生叫作柏拉图，而亚里士多德正是柏拉图的学生。

亚里士多德可不是一般人，他被称作古希腊哲学的集大成者，又被称作百科全书式的科学家。他几乎对古希腊时期的每一个学科都做出了贡献，在流传至今的作品里，我们可以发现，亚里士多德深入研究的学科包括心理学、经济学、神学、政治学、修辞学、教育学等。可以说，亚里士多德把所有知识熔为一炉，形成了一个庞大而完整的体系。毫无疑问，生物学特别是遗传学知识，也包含在这个体系之中。

亚里士多德是西方古典时代的知识巨人，几乎没有人可以和他相提并论。如果亚里士多德能够接受泛生子理论的话，那么，这个理论将会成为权威，被世人代代相传。遗憾的是，亚里士多德不但不接受泛生子理论，而且态度极其明确地反对它，这又是为什么呢？某种程度上，这跟亚里士多德性别歧视的观点有一定关系。

我们已经知道亚里士多德创建了一个完整的知识体系，在这个体系之中，亚里士多德认为人类是最理性的、最高等的生物，其他动物都是低等的生物。如果把人和其他动物的同一个器官进行对比，凡是和人不一样的，那就是低等的象征。比如，人有耳郭，也就是我们俗称的耳朵，但海豹并没有长这个东西，于是，亚里士多德便言之凿凿地说海豹的耳朵都是畸形的。很明显，亚里士多德认为人比动物高等。

亚里士多德还进一步论述，就算是人和人之间也存在着差距。男人是高等的，而女人是低等的。或者说，在亚里士多德眼中，女人是不完整的男人。于是，亚里士多德提出了一个重要观点，在遗传的过程中，生物的后代只继承父亲的特征，和母亲一点关系都没有。

关于这个问题我们可以这样理解，对于一个物体，亚里士多德把它分成"信息"和"材料"两个属性。比如，对于一把木头椅子来说，木头就是"材料"，但木头绝对不会天然长成一个椅子，也不会自己变成椅子，只有在木匠的巧手之下，整块的木料才会变成椅子。"椅子"这种家具的样式就是"信息"，是木匠把这个"信息"赋予了木头，木头才能成为椅子。也就是说，椅子之所以是椅子的样子，只跟木匠有关系。至于木头，它仅仅是构成椅子的材料，跟椅子长成什么样子完全没关系。

在亚里士多德的认识当中，母亲只是为孩子提供了营养，塑造了孩子的身体，而孩子长成什么样只和父亲有关系。在亚里士多德的眼里，母亲就是木头，父亲则是木匠。如此伟大的科学家、哲学家却有如此粗浅的错误认知，我们只能说是他所处时代的科学发展还不够发达，他的思想受到了时代的局限。

现在，我们先抛开亚里士多德错误的一面，继续理解他的遗传理论。就算是遗传信息完全来自父亲，也总是要有某种实实在在的东西来传递信息，但亚里士多德不这么认为，在他看来，木匠只不过对木头进行了加工，就做成了椅子，他并没有把什么东西留在木头上。亚里士多德认为遗传信息虽然被传递下去了，但并不需要某种实实在在的东西，也就根本不需要"泛生子"这种小颗粒。因此，在这一点上，他和希波克拉底的观点完全不同。

那么，如果真的没有泛生子，遗传信息到底是怎么传递呢？有趣的是，亚里士多德又开始赞成希波克拉底的其他观点。希波克拉底认为生命中有一种神秘的力量——生命热，亚里士多德也相信生命热的存在。亚里士多德认为男人体内多余的营养被生命热转化，就可以变成遗传信息传递给后代。问题是，女人体内也有生命热啊，为什么不能传给后代呢？亚里士多德是这么解释的，他认为女性毕竟是不完整的男性，所以体内的生命热含量不如男性高，自然就不能完成传递遗传信息的过程，而只能为新生儿提供营养。

男人提供"信息"，女人提供"材料"，亚里士多德的这个观点完全不正确，但从另一个方面看，他依然在无意间说对了遗传学的一个基本规律：传递信息是遗传的核心。也就是说，不管是希波克拉底还是亚里士多德，他们都认为遗传是在传递信息。不一样的是，希波克拉底认为有一种小颗粒负责传递信息，而亚里士多德认为虚无缥缈的生命热才是大功臣。

那么，这种可以传递遗传信息的"小颗粒"到底存不存在？究竟是什么东西传递了遗传信息？要回答这些问题，还需要后代科学家继续努力。在欧洲的古典时代结束之后，经历了1000多年，在这段时间里，遗传学几乎没有什么真正的进展，直到19世纪，情况才出现了变化。

在19世纪，遗传学取得了突飞猛进的发展，并且是三条道路齐头并进。第一条道路是一些科学家追随查尔斯·达尔文的脚步，将遗传学引到了优生学的方向；第二条道路是在孟德尔的带领下，虽然没有发现"小颗粒"是什么，但是他发现了遗传学的规律；第三条道路则是一些科学家真正开始深入研究这些"小颗粒"到底是什么。

　　接下来，我们就要逐一去看看这三条道路引领遗传学走向了怎样的未来。

第三章　19 世纪

达尔文需要你

查尔斯·达尔文（Charles Robert Darwin, 1809—1882）
弗朗西斯·高尔顿（Francis Galton, 1822—1911）
恩斯特·海克尔（Ernst Haeckel, 1834—1919）

在19世纪，查尔斯·达尔文提出了进化论，可是，想要解释清楚进化论的原理必须依靠遗传学知识。遗憾的是，达尔文本人对于遗传学的研究并不深入，反倒是他的两位追随者为此做出了不小的贡献，并且发现遗传信息藏在细胞核里。只不过，达尔文对他们的贡献并不是那么赞同，这是怎么回事呢？

达尔文的泛生论：小颗粒重出江湖

古希腊的哲学家提出了泛生论来解释生物遗传的问题，在之后的2000多年时间里，生物学家虽然解答了一些问题，但对于遗传学的本质并没有什么实质性的进展。

难道没有遗传学知识，人类社会就不进步了吗？自然科学就不发展了吗？当然不会。在这2000多年的时间里，物理、化学、数学这些学科都发展得很好；尽管没有遗传学的支持，生物学同样取得了重大进展。如果按照这样的趋势，遗传学似乎对这个世界的进步没有太大的关系。

可是，到了19世纪中叶，一位英国科学家发现，如果不对遗传机制进行研究，自己的理论就会寸步难行，于是，他开始把关注点转向了遗传学。这位科学家叫查尔斯·达尔文（Charles Robert Darwin，1809—1882），是的，他就是进化论的提出者。问题来了，达尔文想要研究进化论，为什么一定需要遗传学的支持呢？

我们来简单回顾一下进化论的思想。达尔文认为，生物在繁育后代的过程中会发生变异，能够适应环境的变异才能被保留下来。我们可以假设这样一个例子，在一个小岛上，只有非常坚硬的种子可以吃，在这个岛上的鸟能生存下来，就要有非常坚硬的嘴，才能咬开这些种子。这些鸟生出了一群小鸟，它们都保留了父母的特性，有坚硬的嘴。但是，有些小鸟的嘴会比父母的嘴更硬一些，它们就更能适应这里的环境，吃到更多的果实，那么，它们存活下来的概率就更高。而且种子是有限的，越是嘴硬的鸟就越能吃到更多的种子，它们就胜过了自己的兄弟姐妹。最终在这个小岛上，只有嘴最硬的鸟活了下来。经过一代又一代的筛选，小岛上的鸟出现了一个独特的品种，它们最大的特点就是嘴硬。

在这样的过程中，生物发生了变异，自然环境对这些变异进行了选择。总结起来就是我们所熟悉的那八个大字：物竞天择，适者生存。这也正是进化论最核心的观点。

从进化论中我们可以清楚地看到，达尔文默认了对遗传学的两个认识：第一，生物的后代会继承他们父母的特性；第二，生物在繁衍后代的时候会出现变异。只有在这两点的基础上，我们才能讨论进化论。因此，可以说，进化论的基础是遗传学。

可是，达尔文虽然默认了遗传学的两点基本知识，但他的遗传学知识到底是什么水平呢？达尔文清楚遗传究竟是怎么发生的吗？很明确地说，达尔文的遗传学知识一塌糊涂，在解释遗传和变异现象的时候，他提出了一个理论，叫作"泛生论"。你可能要问了，这不是古希腊的希波克拉底提出的遗传理论吗？是的，达尔文跨过了2000多年的时光，让泛生论重见天日了。

1868年，达尔文出版了一本书，书的名字是《动植物在家养下的变异》，并且在这本书中提出了泛生子假说。达尔文认为，生物的遗传靠的是一些可遗传物质，也就是一些不同的、单个的、很微小的颗粒。达尔文给这些小颗粒起

了名字，叫"胚芽"。胚芽从父母那里传递给孩子，并把父母的特性传递下去。之后，在后代发育的过程中，父母的特性会逐渐呈现出来。

不得不承认，在达尔文生活的19世纪里，科学已经比古希腊时期发达了很多。从"大"的层面看，达尔文本人进行了环球航行，充分了解了世界的广阔；从"小"的层面看，显微镜在达尔文的时代已经不是什么稀罕东西，科学家们对微观世界也十分了解了。这一切都是希波克拉底不敢想象的，可以说，达尔文对于世界的整体认识远远超过了希波克拉底。毕竟，达尔文已经了解了显微技术，也知道细胞的存在。所以，在他看来，生物的遗传信息是细胞释放出来的，而承载这些信息的小颗粒就漂浮在血液之中。关于细胞的认识，达尔文确实比希波克拉底先进了一步，但他们的理论看上去还是没什么太大的区别。

最终，在遗传学方面，达尔文并没有提出比希波克拉底更高超的理论，尽管他的理论加入了一些关于细胞的知识，看似比希波克拉底进步了一些，但在本质上，达尔文的"胚芽"和希波克拉底的"泛生子"其实没什么差别。

不管是达尔文还是希波克拉底，他们都相信一个观点：生物的特性是由某种独立的、微小的颗粒传递的。至于这些颗粒到底是什么，它们是由什么组成的，它们是怎样把复杂的遗传信息复制并传递下去的，达尔文跟希波克拉底一样，并不清楚这些问题的答案。好在达尔文进化论的影响力十分深远，众多科学家成为他的追随者。他们追随着达尔文的脚步，想要通过研究遗传学的规律来巩固达尔文和进化论在科学界的地位。

接下来，我们将认识两位达尔文的忠实追随者。第一位登场的和达尔文一样，是英国人，他就是生物学家、统计学家弗朗西斯·高尔顿（Francis Galton，1822—1911）。

高尔顿与统计学：哥哥，你说得对

1822年冬天，弗朗西斯·高尔顿出生了。他的童年生活可以说是无比幸福，因为他的家庭条件非常优越。高尔顿的父亲是一位富有的银行家，他的外祖父是英国的名医，是博物学家和诗人。高尔顿从小受到博学多识的外祖父的深深影响，长大后也成为一名知书达理、知识渊博的学者。

高尔顿可以称得上是一位神童。他在2岁的时候就开始识字，5岁已经熟练地掌握了拉丁语和希腊语，8岁的他已经会解二次方程了。曾经有人夸奖高尔顿是"他们家族这一代里最聪明的孩子"，这可是一句含金量很高的评价。

说起高尔顿的成长经历，不得不提起他的表哥，正是这位表哥一直指引着高尔顿的前进方向。在刚上大学的时候，高尔顿是一名医学生，但由于种种原因，高尔顿对医学丧失了兴趣，觉得数学更有意思。在这个迷茫时刻，高尔顿征求了表哥的意见，表哥告诉他自己当年也是学医的，但改行去研究博物学一样取得了成功，还是要跟随自己的兴趣前进。高尔顿觉得表哥的建议非常棒，于是到剑桥大学开始学习数学。

1859年，高尔顿接触到一部划时代巨著，那就是达尔文的经典代表作《物种起源》。进化论的观点像是闪电一般划过高尔顿的内心，他意识到自己眼中的世界被彻底颠覆了。他马上给自己的表哥写了一封信，说自己"正在驶向知识王国的彼岸"。要知道，进化论在当时引起了科学界的巨大争议，而不是像细胞学说一样，一经提出就被科学界全盘接受。高尔顿告诉自己的表哥，他毫不犹豫地完全接受了进化论。没想到，表哥无比坚定地支持了高尔顿，而且支持他研究遗传学，这样就可以为进化论提供坚实的基础。

在高尔顿成长的过程中，凡是需要进行抉择的时候，表哥总是会站出来支持高尔顿，并且把他一路引领到进化论和遗传学的领域。看到这里，你一定十分好奇，既然这位表哥如此优秀，那他是不是也在历史的长河里留下了自己的姓名呢？他又到底是谁呢？

答案很简单，这位表哥就是查尔斯·达尔文，进化论的提出者本人，刚才提到的高尔顿的外祖父，那位非常著名的诗人和学者，其实就是查尔斯·达尔文的爷爷伊拉斯谟·达尔文。现在你也应该知道了，为什么"他们家族这一代里最聪明的孩子"这句评价含金量这么高了，这意味着说出这句话的人认为高尔顿的智慧甚至超过了表哥查尔斯·达尔文。

就这样，从19世纪60年代中期开始，高尔顿转向遗传学的研究，但一开始的进展并不顺利。

高尔顿先是想到在达尔文的泛生论中有这样的内容：遗传信息在血液中漂浮，仿佛大海里的漂流瓶。这个想法让高尔顿茅塞顿开，既然遗传信息在血液中存在，那么，如果进行输血的话，不就可以传递遗传信息了吗？

为了证实自己的想法，高尔顿用兔子进行了实验。他把一只兔子的血输到另一只兔子的身体里，希望看到兔子可能发生的变化。遗憾的是，高尔顿的输血技术不高，经他输血的兔子全都死掉了。既然研究兔子不行，是不是可以用植物来进行研究呢？他认为这同样可以发现和总结遗传学的规律。于是，高尔顿种了包括豌豆在内的很多植物，希望能观察植物后代的特性，然后看看自己能够有什么新发现。但高尔顿种植物的水平也不高，尽管他精心地培育了自己的实验植物，但所有的植物也都死掉了。

动物和植物实验都失败了，高尔顿还能研究些什么呢？这一次，他决定研究人类。研究人类当然可以，但总不能用真人来进行试验啊，那可是极其邪恶的行为。别忘了，高尔顿放弃医学之后成了数学家，他的统计和分析本领相当过硬，只要对人类的某些特性进行统计，同样能发现遗传学的规律。一旦发挥了自己的强项，高尔顿的研究终于走上了正轨，并且取得了很重要的成果。他从很多角度研究了人类的特性，比如智力、性格、体能和身高，并发现人类的"高"和"矮"根本就不是一个性状。

什么是性状呢？性状是生物体所表现出来的形态结构、

生理生化、特征和行为方式的统称。比如，单眼皮和双眼皮属于性状，但"高"和"矮"就不属于性状。高尔顿首先统计了很多人的身高，结果发现，并不是高个子的父母就一定会生出高个子的孩子。事实上，如果对人群的平均身高进行分析就会发现，身高在某一个平均值上分布得最多，这就是所谓的"均值回归"。

接下来，高尔顿对人类身高的分布规律进行了分析。如果高和矮是性状，高个子的父母会生出高个子的子女，矮个子的父母会生出矮个子的子女。如果全人类都分成"高"和"矮"两个性状，然后各自结婚生子，那么，用不了多长时间，人类就会变成高矮不同的两个物种。但这种情况并没有发生，也不会发生。原因就是"高"和"矮"不是性状，整个人类群体之中，身高的分布是逐渐变化，而且呈现出一定的规律的。我们可以粗浅地理解为全人类的身高有一个中位数，离这个中位数越近，人数就越多；和这个中位数差得越多，人数就越少。也就是说，身高仅仅是对身体高度的描述，一米三就是一米三，两米一就是两米一，我们不能用"高"和"矮"来对身高进行简单粗暴的划分，也不能按照一个数值把人分成高矮两种。因此，"高"和"矮"并不是人类的性状。

　　总之，在人体数据的测量和研究方面，高尔顿用上了统计学知识，丰富了遗传学认识。不得不说，在遗传学领域高尔顿并没有取得突破性的进展。而且，高尔顿把遗传学引到了另外一个方向，那就是优生学。他想到既然遗传能让子女继承父母的特性，那么，在优秀的家族中当然也会诞生优秀的子女。比如，他的家族就经常出现优秀的人物，人类是否也应该分出三六九等？是否有一部分人真的比其他人更优秀呢？如果这种情况真实存在，那么，科学家应该尽可能地让优秀的人生育子女，这样就可以在整体水平上改进人类的智力水平。

　　以我们今天的眼光看，为了保证孩子的健康而提倡优生优育，这是没有任何问题的。但高尔顿认为人和人之间有着本质上的巨大差异，这就很危险了，因为这不符合人人平等的观念，为种族主义的诞生提供了理论基础。事实也确实如此，高尔顿创立的学派后来成了种族主义的工具，在全世界造成了极其恶劣的影响。达尔文对表弟得出的这个结论也感到了一丝不安，他曾委婉地批评了高尔顿的优生理论，从这点上看，达尔文确实是一位有远见的科学家。

当然，我们也应该知道，尽管高尔顿有他的不足，但他为现代统计学的诞生做出了极其重要的贡献，而在今天几乎所有的科学都以统计学为基础。从这个角度来看，说高尔顿是人类文明的大功臣无可厚非。

只不过，传递遗传信息的小颗粒究竟是什么？遗传的规律到底是什么？面对这两个问题，高尔顿并没有给出更有意义和突破的答案，令人惊喜的是，达尔文还有另一位追随者，他在达尔文的基础上成功地前进了一步，我们现在就去看看他的故事。

海克尔与遗传学：偶像，你说得对

恩斯特·海克尔（Ernst Haeckel，1834—1919）是德国

博物学家，他从小就是一个好奇心很强的孩子，他曾经读过达尔文的《小猎犬号航海记》，并被深深地吸引了，希望自己能够像达尔文一样成为一名博物学家。

再后来，海克尔读了《植物发生论》，这本书的作者施莱登（Matthias Jakob Schleiden，1804—1881）是细胞学说的提出者之一。海克尔的目标更明确了，要努力成为施莱登的学生，成为一名植物学家。

遗憾的是，海克尔的父亲并不支持他，父亲认为研究花花草草不能当饭吃，人还是要学点能挣钱的本事。于是，在父亲的强烈要求下，海克尔在上大学的时候选择了医学专业。好在海克尔赶上了一个好时代，当时正是施莱登、施旺和微尔啸创立并完善细胞学说的时代。不管对医学还是生物学，细胞学说都是重要的基础理论，因此，作为医学生的海克尔掌握了细胞学的知识，为他后来的生物学研究打下了重要的基础。

在学习过程中，海克尔遇到了19世纪生物学界最伟大的老师约翰内斯·穆勒（Johannes Peter Muller，1801—1858）。穆勒有多厉害呢？提出细胞学说的施旺是他的学生，完善细胞学说的一代宗师微尔啸也是他的学生，提出能量与质量守恒定律的亥姆霍兹还是他的学生。所以，说他是19

世纪最伟大的老师毫不为过。

1858 年，海克尔通过毕业考试拿到了行医执照，但他对当大夫一点兴趣都没有，心里只想着继续进行科学研究这一件事。最终，他还是放弃了医生这个职业，到耶拿大学成为教授，而且很快在学术界建立起了自己的名望。就在这个时候，海克尔读到了达尔文的《物种起源》。这本书让海克尔茅塞顿开，他觉得自己真正认识到了大自然的秘密。此时，他的一本书马上就要出版了，但他宁可延迟出版进度，也要把进化论思想加入自己的书中。从此，海克尔把捍卫进化论当成了毕生的目标。

在一次学术会议上，海克尔将达尔文和牛顿相提并论，他说进步是大自然的规律，任何人都不能阻止进步的发生。此时，参加会议的所有学者都被震惊了，因为他们认为进化论是一种错误的理论，应该被狠狠地驳斥！于是，所有人的目光都注视着一个人，这个人是会议里最权威的专家——鲁道夫·微尔啸（Rudolf Virchow，1821—1902）。当时，每一位在场的科学家都认为微尔啸一定会痛批海克尔这个不知天高地厚的毛头小子。但出乎所有人的意料，微尔啸居然也赞同进化论，他声称愿意和海克尔一起捍卫进化论！

由于微尔啸德高望重，那些不接受进化论的人不敢对他说什么，就把火力全部集中到了海克尔身上，他们不但嘲笑他，还给他取了很多具有侮辱性的外号。海克尔根本不理会这些，他坚持把全部精力都用来研究进化论。在这个过程中，海克尔把研究的重点放在了细胞核上。这一点也不奇怪，毕竟施旺和微尔啸都是他的师兄，这两位师兄都非常重视细胞核的作用。

经过一番研究之后，海克尔在1866年首次宣布细胞核就是传递遗传信息的基础！简言之，他区分开细胞质和细胞核的功能，并且认为细胞核负责遗传信息的传递，而细胞质负责适应外界环境。既然细胞核对于遗传这么重要，那么，在演化的过程中，细胞核的功能应该是越来越完善才对；同样道理，早期生物的细胞核就会相对简单粗糙一些。按照这样的推论，最早的生物很有可能根本没有细胞核。于是，海克尔开始寻找没有细胞核的生物，因为他认为它们就是所有生物的祖先。

经过不懈的努力之后，海克尔真的发现了一团物质，在这团物质中他没有看到细胞核。于是，海克尔兴奋地认为这就是他要找的原核生物。但是别忘了，此时此刻很多科学家都在反对海克尔，他们也开始研究海克尔找到的这团物质。其他科学家使用了染色的方法，结果在这一团物质里发现了细胞核，这铁一般的事实证明海克尔错了。正在失望的时候，海克尔意外地发现了一篇文章，这是英国著名学者赫胥黎（Thomas Henry Huxley，1825—1895）的作品。赫胥黎态度鲜明地支持进化论，甚至被称为"达尔文的斗犬"。赫胥黎在研究大西洋海底淤泥的时候发现，有一种由微小颗粒构成的胶状物质，它们没有明显的细胞核和外壳。赫胥黎在文章里提到，这种胶状物质就是原生质，是原生生物的形态，而这种物质恰好是海克尔正在寻找的东西！更让海克尔兴奋的是，赫胥黎早就听说过海克尔的名字，所以他把自己发现的这种原生生物起名叫"海克尔原肠虫"。我们不难想

海克尔原肠虫

象海克尔那一刻无以言表的激动心情，发现了原生生物，也就是没有细胞核的生物，就证明他的理论是正确的，也从另一个方面说明细胞核对于生物来说是多么的重要。

不得不说，细胞核的信息是遗传的关键，海克尔的这一发现无疑是极其重要的。但在后来，海克尔走错了路。他认为，原生细胞里最重要的是原生质，而原生质是有灵魂的，原生质构成了细胞，细胞构成了器官，器官构成了人体，所以人的灵魂就是所有原生质灵魂的总和。海克尔认为这是一种新的世界观，它能从科学方法解释什么是灵魂，也能把自然科学和人文科学联系到一起，使人类全部的科学知识变得统一而全面。在我们今天看来，他的观点十分愚昧，但在19世纪，海克尔的理论有了自己的一席之地。但是，他在这条错误的道路上越走越远。

在一次学术会议上，他居然提出这样一个要求，中小学要开设一门必修课——海克尔的生物学。参加这次会议的科学家有很多，比如植物学家耐格里、魏斯曼，还有海克尔的师兄、一代宗师微尔啸。可是，这一次就连微尔啸都没搭理他。

更大的问题是，进化论被海克尔进行了错误的解读，他认为最优异的物种位于进化树的最顶端，而这些最优异的物种就是最优的人种。这就为种族理论埋下了恶之花，后来德国的"日耳曼人种最优"这样的说法就跟海克尔的研究密不可分。

海克尔一辈子都在为达尔文主义奋斗，可以说是拼尽了自己的全部力量。而作为德国人，他把进化论解释成了阶级选择理论，给种族主义铺平了道路，为第二次世界大战期间德国军队大量迫害犹太人制造了祸端。

对于这样一位勤奋的追随者，充满智慧的达尔文是这样评价的："要是他没那么喜欢我就好了。"

第四章 19世纪

种豌豆的人

格雷戈尔·孟德尔〈Gregor Johann Mendel，1822—1884〉

　　在19世纪，一位伟大的生物学家发现了遗传学的两大定律，但这位本职并非生物学家的他的生物学知识相当差。他年复一年地种豌豆、数豌豆，完全凭借兴趣支撑自己完成了如此枯燥的工作，最终提出了两大遗传学定律。他是谁？又有怎样令人难忘的故事呢？

孟德尔的角色：不懂生物学的生物学家

　　希波克拉底认为遗传的基础是某种小颗粒，达尔文也是这么认为的。达尔文的表弟高尔顿则想到采用统计学方法同样可以研究遗传学，就算不知道这些神秘的小颗粒是什么，也一样能够发现遗传的规律。遗憾的是，高尔顿并没有成功。

　　真正取得成功的是另外一位伟大的生物学家，他的名字叫作格雷戈尔·孟德尔（Gregor Johann Mendel，1822—1884）。孟德尔比达尔文小13岁，跟高尔顿同岁。在整个生物学的历史上，孟德尔都是数一数二的伟大人物。但是，孟德尔的主业并不是生物学家，而是个修道士。如果我们深入了解孟德尔的故事，就会惊奇地发现，这样一个伟大的生物学家的生物学知识的确不怎么样。

孟德尔出生的时候，他的家乡属于奥地利帝国。因此，直到今天我们仍把他归为奥地利科学家，只不过，他的家乡今天已经属于捷克共和国了。孟德尔家境贫寒，虽然上了大学，但没能坚持到毕业，在1843年到圣托马斯修道院做了一名修道士。虽然当了修道士，孟德尔自己却说他对此不是特别感兴趣，反而更喜欢科学。问题是，修道院又不是大学，没有那么多的科学设备供他从事科学研究。这不要紧，孟德尔生于农民家庭，种些花花草草还是非常熟练的，只是没有人会想到就是这个种花草的本事最终让他名留青史。

孟德尔个子不高，还有点胖，总是戴着一副近视眼镜。他还是个十分严肃的人，轻易不笑，他的办事风格也一样，总是循规蹈矩。当然，这样的性格倒非常适合当修道士，毕竟修道院里有很多清规戒律。如果没有什么重大事件，孟德尔的生活将一直这样下去，一辈子就是个默默无闻的修道士。但在1848年，一切都变了。在这一年里，欧洲爆发了一场著名的大革命，当时，一代宗师微尔啸还是个大学生，他全力支持革命，结果被赶出了柏林；在这一年里，伟大的老师约翰内斯·穆勒正担任柏林大学的校长；也正是在这一年里，马克思和恩格斯发表了《共产党宣言》。

孟德尔虽然没有受到1848年革命的直接影响，但他也遇到了一件大事：在1848年下半年，作为布尔诺教区神父的孟德尔申请去高中当老师，给学生讲自然科学。大概是修道院认为他确实不是当神父的料，于是给予他很多帮助，让他得到了这个机会。可是，修道院虽然同意了，学校却不同意。毕竟孟德尔不是科学家，所以学校要求他先去考试，考试通过了才能当老师。这一折腾就是一年多，直到1850年春天，孟德尔才参加了笔试，不过，他的成绩非常不理想。笔试不行还有面试，在1850年8月，孟德尔来到奥地利的首都维也纳参加面试，结果面试的成绩更差。更有趣的是，这次孟德尔把生物学考砸了。

考官在评语里是这么写的：申请人似乎对专业术语一窍不通，他毫不顾忌系统命名法的规则，只会用德语口语称呼那些动物的名字。对于孟德尔的水平，考官的结论非常明确，他要是真想当老师的话，那就得好好补一下自然科学的相关课程了。孟德尔并不死心，他向维也纳大学提出了申请，希望能够在这里深造，获得自然科学学位。

　　就这样，孟德尔来到了维也纳大学。在这里，他遇到了著名科学家克里斯蒂安·多普勒（Christian Andreas Doppler，1803—1853），这位科学家的名字也出现在你的中学课本里，孟德尔正是在多普勒身上学到了科学研究的方法。多普勒曾经使用数学计算的方法得出这样一个结论：声波的频率不是一成不变的，它在与观察者之间发生相对运动时改变。通俗地说，对于能发出声音的东西来说，如果它向接近观察者的方向运动，声音就变得尖锐；反之，声音则变得低沉。也就是说，音调在发生改变。听说了这个结论以后，很多人都不相信。为了证明自己的观点，多普勒请来一支乐队在火车上吹小号，还特别嘱咐这些乐手一定始终保持音调不变，然后

多普勒邀请了一群听众，让他们站在火车站台上听。结果，果然像多普勒预测的那样，当火车开进站的时候，号的音调变高了，而火车开出去的时候音调变低了。这一次，大家才终于信服了多普勒的理论。

这个实验也告诉我们，很多自然规律和我们的直觉是不一样的。只有经过敏锐的观察以及科学的计算和推论，我们才能认识到虽然世界上的各种现象千奇百怪，但其实背后都存在客观规律，而科学家们的工作就是让我们绕过不可靠的直觉，直达自然规律的终点。在这个过程中，经过严密设计的实验是极其重要的手段。

在维也纳大学学习期间，孟德尔和多普勒的关系非常好，还成了多普勒的助手。因此，多普勒的研究方法深深影响了孟德尔。尽管多普勒是一位物理学家，但如何设计一个严密的实验，在原理上是相似、相通的，所以孟德尔学到了很多东西。

就这样，在维也纳大学的两年间，孟德尔在物理、化学、地理和生物学这些领域的能力都提高了不少。1853年，孟德尔学成归来，终于成为一名中学老师，有趣的是，他还是没有通过资格考试。1856年，孟德尔决定再考一次，可结果比上次还惨，尤其是在考植物学的时候，孟德尔居然跟考官吵了一架。结果，考试还没全部结束，孟德尔就打道回府了。从此，孟德尔再也没有参加这种教师资格考试。换句话说，孟德尔没有得到过任何生物学方面的认证，在当时的生物学界里真的算是一名"差生"了。

孟德尔的理论：藏在豌豆里的秘密

既然在考场上表现很差，孟德尔只能在实验方面好好表现了。一开始，他在自己的房间里偷偷培养小老鼠，用小老鼠进行实验。虽然修道院院长一直对孟德尔很宽容，但这次实在忍不住要管一管他了。修道院是修行的地方，居然有修道士在研究怎么给小老鼠配种，这确实有点过分了。没办法，孟德尔只好更换了研究对象，他开始在修道院的院子里种起了豌豆。可能院长觉得种豌豆或许能改善大家的伙食，这一次并没有干涉孟德尔。只不过，院长绝对想不到，他的宽容造就了生物学历史上的一段传奇。

一开始，孟德尔先是走遍了附近的农场，收集了34个品系的豌豆，然后筛选出了纯种的豌豆。所谓"纯种豌豆"，就是种下去的豌豆是什么样子，结出来的种子还是什么样子，完全没有任何区别。比如，豌豆种子有黄色，也有绿色。纯种黄豌豆结出来的一定是黄豌豆，纯种绿豌豆结出来的一定是绿豌豆。也就是说，种子的颜色是豌豆的一个性状，这个性状可以表现为黄色，也可以表现为绿色，而且纯种豌豆的不同性状可以遗传。

然后，孟德尔选出了纯种豌豆的七个性状，分别是：

1.种子形状（圆粒与皱粒）；

2.种子颜色（黄色与绿色）；

3.豌豆花颜色（白色与紫色）；

4.豌豆花位置（茎顶与叶腋）；

5.豆荚颜色（绿色与黄色）；

6.豆荚形状（饱满与皱缩）；

7.植株高度（高茎与矮茎）。

培育纯种豌豆只是第一步，这是为了解决下一个问题。

如果把黄色和绿色两种不同性状的豌豆进行杂交，会结出什么样的种子呢？全是黄色或者全是绿色，还是发生融合，产生介于黄色和绿色之间的黄绿色？

1857年，孟德尔的第一批豌豆收获了，结果非常清楚，当黄色豌豆和绿色豌豆杂交，结出来的全都是黄色的。也就是说，对于"种子颜色"这个性状来说，纯种黄豌豆和纯种绿豌豆杂交的时候，只能显现出黄色这个性状。

有趣的是，不仅是种子颜色，全部的七个性状都出现了这个结果。圆粒和皱粒杂交，结出来的都是圆粒；高茎和矮茎杂交，长出来的都是高茎。

于是，孟德尔把消失的那种性状称为隐性性状（recessive），而在子代中保留下来的性状称为显性性状（dominant）。比如，对于种子颜色这个性状，黄色就是显性性状，而绿色就是隐性性状。这就跟当时流行的泛生论不一样了，因为按照泛生论的说法，雄性和雌性的特性会非常均匀地混合在一起。按照这个理论，如果纯种的黄色豌豆和绿色豌豆杂交的话，应该结出黄绿色的种子。而孟德尔用实验结果明确地告诉大家，根本没有什么混合出来的中间形态。

如果在这个时候孟德尔觉得自己累了，不想继续研究下去了，这样的结论也已经堪称他对遗传学做出的划时代贡献了。更何况孟德尔从未想过要停止，反而他的研究才刚刚开始，他得到真正厉害的结果还在后面。

我们还用种子颜色这个性状做例子。第一代豌豆分别是黄色和绿色，第二代豌豆就都是黄色了。那么，如果用这种黄色的第二代豌豆继续繁殖，第三代会是什么颜色呢？孟德尔继续进行自己的实验，结果发现，第三代既有黄色，也有绿色，而且黄色和绿色的比例恰好是3∶1。和之前一样，所有的七种性状都出现了同样的结果，都出现了3∶1这个比例。

下面，我们结合今天的遗传学知识解释一下这个现象。黄色的基因控制颜色，绿色的基因也控制颜色，它们负责同一件事，所以称作"等位基因"。两种基因相遇的时候，黄色会表现出来，所以叫作"显性基因"，我们用A来表示；而绿色基因会暂时消失，我们用a来表示。

在一颗豌豆里，等位基因不是一个，而是一对，比如，纯种黄色豌豆是AA。为什么说AA是纯种呢？因为在繁殖的过程中，两个A会分开，然后重新组合，而两个AA分开就变成了4个A，不管它们怎么组合，结果还是AA。同样道理，隐性基因的aa，不管怎么繁殖也是aa，这样的豌豆就是纯种豌豆。

可是，把两种豌豆一杂交，问题就出来了。AA和aa一结合，就会生出一种新类型的豌豆，也就是Aa。只不过，因为黄色的A是显性基因，绿色的a是隐性基因，换言之，AA的豌豆是黄色，Aa的豌豆也是黄色，只有aa的豌豆才是绿色。而第二代黄豌豆都是Aa，所以都是黄色的。但是，绿色的隐性基因a并没有消失，而是藏在了Aa豌豆里。

接下来，如果把Aa和Aa继续繁殖，就会生出四种豌豆，分别是AA、Aa、aa。一份AA是黄色、两份Aa也是黄色，只有一份aa是绿色，所以这就出现了3∶1这个比例。

这就是孟德尔第一定律，也叫分离定律。内容是这样的：在生物的细胞里，有一种叫遗传因子的东西，遗传因子是成对出现的，它们不会融合到一起。在生物繁殖的过程里，这些成对遗传因子会分开，然后分别传递到下一代。

孟德尔仍然没有停住自己的脚步，他还在思考更深刻的问题。既然这七种性状都存在这样的显性和隐性的性状，那么，这些性状之间会相互影响吗？于是，他进行了下一步实验。

把黄色圆粒和绿色皱粒杂交，会出现什么结果呢？这个

我们已经知道，黄色和圆粒都是显性性状，所以这样杂交出来的都是黄色圆粒。重点是，把杂交出来的黄色圆粒再繁殖一代，会出现什么结果呢？

有趣的事情出现了，一共繁殖出现4种豌豆，分别是黄色圆粒、黄色皱粒、绿色圆粒、绿色皱粒。更有趣的是，这4种豌豆的数量比例是9∶3∶3∶1，恰好是3∶1和3∶1相乘的结果。

种子颜色和种子形状是两种性状，它们各自按照3∶1的规律进行遗传，看起来完全没有相互影响。于是，孟德尔得出了另一个非常重要的遗传学定律，也就是孟德尔第二定律，也被称作自由组合定律。内容是这样的：不同的遗传因子控制不同的性状，它们之间相互完全不干扰。管颜色的只管颜色，管形状的只管形状。

刚才咱们说过，孟德尔列出了七种性状，这七种性状之间都是互相不干扰的。想象一下，想要证明这七种性状互相不干扰，这得需要种多少豌豆才能得出结果啊！答案一定是个天文数字。

虽然咱们今天看起来孟德尔的这两个定律简单而简洁，但对于孟德尔来说，能够得出这些结论可是足足亲手种了8年豌豆，度过了漫长的时光。在这8年里，孟德尔不厌其烦地种豌豆、剥种子，还要仔细观察每一颗种子，并且记录下

来，最后还要耐心地计算不同种子的比例，最终才总结出了
这两个轰动科学界的定律。

明明是修道士的孟德尔，靠着他并不丰富的遗传学
知识以及超凡的耐心，最终发现了两项无比重要的遗传学
定律，这种精神可敬可叹。更值得一提的是，孟德尔提
出两项定律之后，遗传学才真正拉开了帷幕，因此，将孟
德尔尊称为"遗传学之父"毫不为过。但是，在做出这样
伟大的贡献之后，孟德尔遭遇了许多挫折，这究竟是为什
么呢？

孟德尔的结局：被遗忘的人

在进行豌豆实验的8年时间里，孟德尔剥开了几十万颗
豌豆种子，他自己也说，这确实需要一点勇气，这勇气换来
了两大遗传学定律。但非常遗憾的是，孟德尔的重要发现并
没有得到学术界的充分认可。

1865年2月，孟德尔参加了一个学术会议，宣布了自己
的研究成果。但在当时那个年代，人们完全不理解他的理论
是什么意思。毕竟，在孟德尔的论文里，有关豌豆的各种数

据信息量实在太大了。后来，他把自己的成果写成论文送到了当时世界上最重要的科学机构，只可惜这篇文章居然没有引起任何人的重视。从1866年到1900年，孟德尔这篇重要的论文仅仅被别人引用了4次，可以说他和他的成果几乎被科学界彻底遗忘了。

从达尔文和高尔顿的故事里我们知道，在19世纪，科学家们已经意识到遗传学是一门非常重要的科学，孟德尔如此重大的遗传学发现却被他们忽略了，这真是那个时代最大的遗憾。

为什么会出现这样的情况呢？大概因为孟德尔的主业是修道士，而不是科学家，跟当时主流的科学界打交道太少，所以他的论文只能发表在一个不太出名的杂志上，没有得到当时科学家们的足够重视。

我们已经知道，孟德尔只比达尔文小13岁，跟高尔顿同岁，他们是同时代的人。在那个时代里，有很多厉害的生物学家。孟德尔把自己的论文印刷了40多份寄给了当时的生物学家，结果还是令人遗憾，根本没人愿意理会他，而唯一跟他保持联系的人却拖了他的后腿。这个人就是植物学家卡尔·冯·耐格里（Carl von Nageli，1817—1891）。

耐格里这个名字也曾出现在你的中学生物课本里，他和细胞学说的提出者之一施莱登是好朋友，在施莱登和施旺提出细胞学说之后，耐格里用显微镜观察到了细胞分裂，发现新细胞的产生是细胞分裂的结果。可以说，耐格里也是19世纪一位重要的生物学家。但是，偏偏是在他的指导之下，孟德尔的研究走偏了方向，白白付出了巨大的劳动，却没得到什么有用的结论。

孟德尔给耐格里写了一封信，把豌豆实验的结果告诉了他。耐格里足足拖了两个月才回信，而且对孟德尔的态度十分冷淡，甚至是不屑一顾。在耐格里看来，自己才是真正的科学家，孟德尔只不过是个业余的"半吊子"，甚至只能算是生物学爱好者。

在回信里，耐格里很不耐烦地指出孟德尔的结果不过是

经验之谈，根本没有什么合理性。毫无疑问，他完全低估了孟德尔豌豆实验的价值。可是，孟德尔没有把耐格里的漠视态度放在心上，他希望自己能够得到耐格里的认可，并在之后的日子里经常虚心请教耐格里各种问题。

之后发生的故事简直是生物学史上的灾难。孟德尔听取了耐格里愚蠢的建议，开始研究另外一种叫作山柳菊的植物。之所以会选择这种植物，仅仅是因为耐格里正在研究它，他已经肆无忌惮地把孟德尔当成了自己的助手。

要知道，孟德尔当初并不是随便选择了豌豆。因为豌豆是一种有性繁殖的植物，是需要经过开花、授粉的阶段的，所以，只要严格控制授粉的过程，就能清楚地观察到性状的改变。但山柳菊是无性繁殖的植物，在繁殖过程中没有授粉这个阶段，完全不适合用来进行实验。可是，因为孟德尔信任耐格里，结果在他的指导下，孟德尔花费了好几年的时间，靠着自己的耐心潜心对山柳菊进行了充分的研究。

在几年时间里，孟德尔逐渐发现他很难得到有用的结果，而耐格里很少给孟德尔回信，就算是回信也总是态度傲慢，完全是一副自以为是的嘴脸。就这样，在耐格里的胡乱指导下，孟德尔再也没发现什么有价值的东西。

也许你会问，孟德尔身为修道士，常年这么不务正业，修道院的院长难道不管他吗？还真没管。之前的院长很开明，对孟德尔也很支持，后来虽然修道院换了院长，但是更不会管了，因为孟德尔升职了，他自己成了院长。不过，也正是因为成了院长，孟德尔需要管理的事情越来越多，最后因为时间不够用不得不放弃了自己的实验。1884年，孟德尔平静地去世了，当地报纸刊登了这则消息，但完全没提到孟德尔对遗传学的伟大贡献。

这就是孟德尔，他默默地在修道院生活了一辈子，一直没能通过生物学考试，只发表过一篇论文，没人知道他的真正价值。但是，就在这仅有的一篇论文里，孟德尔提出了遗传学的两大定律，奠定了遗传学的基础，也因此跻身伟大生物学家的行列。

值得我们注意的是，孟德尔发现了生物性状的遗传规律，他认为是一种叫作"遗传因子"的东西承载了遗传信息，而他提出的两大定律也证明了遗传因子存在的合理性。更重要的是，"遗传因子"这个概念告诉我们，它是一种独立的单位，或者说是"微小的粒子"，正是它决定了生物的性状。

尽管孟德尔还没有完成发现基因的全部工作，但他已经发现了基因的最基本特征，而且提出了"遗传因子"的概念。想要继续发现遗传学的规律，就必须知道孟德尔说的遗传因子到底是什么。有趣的是，就在孟德尔生活的时代里，已经有一位科学家利用显微技术发现了承载遗传因子的东西。这又是怎样一个故事呢？

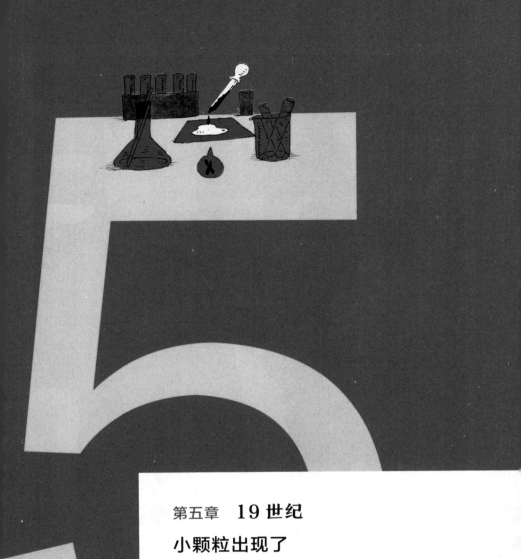

第五章　19 世纪

小颗粒出现了

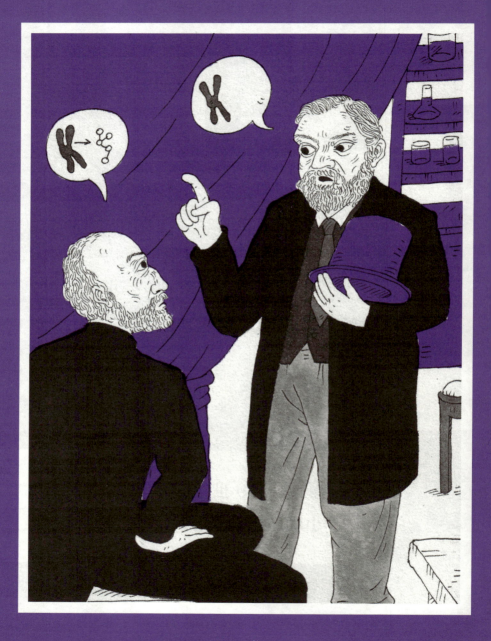

瓦尔特·弗莱明（Walther Flemming，1843—1905）
约翰内斯·弗里德里希·米歇尔（Johannes Friedrich Miescher，1844—1895）

在19世纪，化学家们来到生物学领域做了一件
很重要的事——深入研究细胞里面的成分。在这个
过程中，有人发现了存在于细胞核的染色体以及构
成染色体的核酸。不过，这时的化学家们并不知道
自己的发现对于遗传学来说具有多么重大的意义，
但是，今天的我们知道他们已经为遗传学的发展迈
出了一大步。

瓦尔特·弗莱明的新技术：给你点颜色看看

前面已经说过，整个19世纪遗传学沿着三条路线前进：
第一条是高尔顿把遗传学引向了优生学；第二条是孟德尔在
修道院里种豌豆，发现了两大遗传定律；第三条则是另外一
批科学家在微观世界中努力，想要寻找承载遗传信息的"小

颗粒"的线索。沿着这第三条路前进,一种名叫染色体的东西出现在了科学家们的视野里。

发现染色体的科学家是瓦尔特·弗莱明（Walther Flemming, 1843—1905）,弗莱明这个姓氏可能你看起来有些眼熟,因为在历史上还有一位叫亚历山大·弗莱明（Alexander Fleming, 1881—1955）的,他才是弗莱明姓氏里最著名的人物。

亚历山大·弗莱明生活在20世纪,是个英国人,他发现了青霉素,并且因为这个贡献获得了诺贝尔奖。发现青霉素是20世纪最伟大的几项发明之一,因此,我们只要提起弗莱明,往往指的就是亚历山大·弗莱明。

只不过,我们现在要说的是瓦尔特·弗莱明,他生活在19世纪,是个德国人。弗莱明的人生看起来比较简单,先是在布拉格大学学医,在普法战争期间担任军医,战争结束之后,弗莱明就一直在大学当教授。也正是在他担任大学教授的这些年里,弗莱明为生物学做出了很多贡献,其中最重要的发现有两个:一是发现染色体;二是发现动物细胞的有丝分裂。如果仔细想想的话,这两个发现之间有着非常密切的联系。

咱们先去看看,弗莱明是怎么发现染色体的。我们已经知道，在正常情况下，就算是用显微镜去观察，细胞核中的物质也是不容易被捕捉到的。不过，弗莱明想到了一个非常巧妙的办法，他用染料给细胞染上了颜色，这样一来，平时看不见的结构有了颜色，就可以很容易地被观察到了。经过这种染色之后，他发现在细胞核里有一种成分，可以被染成红色。这种成分非常有意思，它们始终在细胞核里，只不过平时的位置非常散乱，毫无规律可循；但在细胞分裂的时候，这些小东西就会浓缩在一起，变成长条形；细胞分裂完成的时候，它们就又变成了松散的一大堆。既然是在染色之后才能被看见，所以弗莱明在1879年发现这种成分的时候，给它起了一个很直白的名字——染色质（chromatin）。

不过，9 年之后的 1888 年，另一位德国科学家给这种成

分改了个名字，叫作染色体（chromosome）。这位给染色体改名的科学家是海因里希·威廉·戈特弗里德·冯·瓦尔代尔－哈茨（Heinrich Wilhelm Gottfried von Waldeyer-Hartz，1836—1921），他是弗莱明的同事。从那时起一直到今天，这种隐藏在细胞核里的小东西就一直叫这个名字了。

就算只有发现染色体这一个贡献，弗莱明也足以被称为了不起的科学家了，而他的研究还在继续向前走，在发现染色体的基础上，弗莱明第一次观察到了动物细胞中的有丝分裂。那么，有丝分裂是如何发生的呢？

在显微镜下弗莱明发现，细胞在分裂的过程中，染色质会分成两半，并且分别移动到细胞的两端。之后，一个细胞从中间分裂成两个细胞，在这个过程中还能观察到细胞中有一些细丝状的东西，这正是"有丝分裂"名称的来历。弗莱明看见的这些细丝是什么呢？这些细丝和染色体有什么关系？难道这些细丝就是染色体吗？并不是。想要知道弗莱明看见的到底是些什么东西，我们必须运用今天的生物学知识认识一下有丝分裂。

接下来我们就去看看，在有丝分裂发生的过程中，染色体究竟发生了什么样的变化。

细胞的有丝分裂：我们要藕断丝连

我们先以动物细胞为例，来了解一下染色体在有丝分裂过程中的变化。

在大部分时间里，动物细胞的细胞核里并没有染色体，但里面有一堆像丝线一样的东西，它们松松散散地堆在一起，没有形成一个固定的形状，这就是我们今天已经熟知的染色质。注意，弗莱明给自己发现的东西命名为染色质，但和我们现在提到的染色质并不一样。至于为什么不相同，答案会在后面揭晓。

在有丝分裂之前，染色质会进行复制，形成一模一样的两套物质。而在有丝分裂开始之后，这些染色质便不再是松散的样子了，它们会相互缠绕压缩，形成一些棒状的染色体。请注意，在形成染色体之前，染色质已经进行了复制，所以这个时候的染色体其实是一对一对的。也就是说，每一对染色体里有两条染色单体，它们是完全一样的，所以也被称作"姐妹染色体"，而一个叫作"着丝点"的东西把它们紧紧地连接到了一起。再请注意，在染色质变成染色体的时候，是它最容易被染料染上颜色的时候，而在染色质这种形态时，不容易被染色，也不容易被观察到。现在我们知道了，弗莱明发现并命名为"染色质"的东西，其实是我们今天所说的染色体，事实上，弗莱明并没有看见染色质。

那么，问题来了，既然弗莱明没有看见染色质这种细丝，他看见的细丝到底是什么呢？原来，在细胞里还有一种名叫"中心体"的家伙，在有丝分裂的过程中，两个中心体各自占据细胞的一边，然后分别伸出很多名叫"纺锤丝"的细丝，弗莱明看见的其实是纺锤丝。

纺锤丝有什么用呢？它们就像绳子一样，负责把染色体分开。刚才提到，两条姐妹染色体（也就是染色单体）被着丝点连接在一起，而纺锤丝会靠自己牵拉的力量把这对姐妹分开。于是，每一对染色单体都被分开了，而且分别拉到细胞内部的两边。这样一来，细胞的两边各有一套染色单体。接下来，这个细胞便会从中间一分为二，形成两个细胞，而这两个新细胞里就各自有了一套染色单体。这些染色单体会逐渐松懈，变成一堆丝线般松松散散的染色质，新细胞也就

和分裂之前细胞的样子没什么区别了。就这样，一个细胞变成了两个，这就是有丝分裂的全过程。

需要注意的是，有丝分裂是真核细胞特有的分裂方式。什么是真核细胞呢？有细胞核的细胞就是真核细胞，而染色质就藏在细胞核里。除了真核细胞之外，还有一些细胞没有细胞核，染色质只能漂浮在细胞质之中，这样的细胞就是原核细胞。

也就是说，弗莱明发现了真核细胞的分裂方式——有丝分裂。他还发现，在有丝分裂的过程中，细胞里出现了一种独特的东西——染色体。有丝分裂属于生物学、细胞学的研究范围，而染色体属于遗传学的研究范围，因此可以说，在这几个学科里，弗莱明都做出了非常重要的贡献。

同样在19世纪，孟德尔发现了重要的遗传规律，而且提出了"遗传因子"的概念，但他并不知道这些遗传因子是什么。而弗莱明发现了染色体，还发现了有丝分裂，但他不知道染色体对细胞有什么用。

遗憾的是，当时的信息交流实在太不发达了，弗莱明和孟德尔互相并不认识。他们谁都没有想到，就在自己生活的时代里，已经有另外一个人的研究可以对自己产生巨大的帮助，只可惜他们就这样失之交臂了。更让他们想不到的是，还是在这个时代里，还有另外一位科学家并没有深入研究生物学，没有钻研遗传学规律，也没有专注于染色体是什么，但他运用一种新思路把化学研究的方法带到了遗传学领域。

在认识这位化学家之前，我们先要回答一个问题：研究遗传学为什么需要化学这个学科？

化学的奥秘：生物学需要化学

瓦尔特·弗莱明观察到了染色体，这是一项了不起的发现，也是遗传学领域的重大突破。但是，这项发现也标志着在遗传学的研究里，生物学家已经走到了死胡同，没法继续前进了。为什么这么说呢？

现在让我们整理一下思路。早在古希腊时期，希波克拉底等人已经想到一定是一些"小颗粒"记录着遗传信息，但没人知道这些"小颗粒"是什么。之后，海克尔认为遗传信息记录在细胞核里，而弗莱明发现细胞核里有染色体。很容易想到，下一步就是要搞清楚染色体是由什么东西构成的。问题是，这已经不属于生物学而是化学的领域了。为什么这么说呢？想知道这个问题的答案，我们先得知道什么是化学。

化学是研究物质变化的学科。这里所说的物质，通俗地说，指的是由原子构成的分子形成的东西。物质的形态无论发生什么样的变化，如果没有出现新的分子，那么，就不是化学变化。相反，如果出现了新的分子，我们就认为这是产生了新的物质。这个通过产生新分子而形成新物质的变化过程，我们称之为化学变化。举个例子，水这种物质是由水分子组成的，每个水分子是由2个氢原子和1个氧原子构成的，代表氢的符号是H，代表氧的符号是O，所以水分子就可以表示为H_2O。

水会发生什么样的变化呢？很容易想到，水在常温下是液体，但在零度就会变成冰，成为固体，然而，水虽然变成了冰，但它只是从液态变成了固态，冰还是由水分子H_2O组成的。所以，水结冰是同一种物质的形态改变了，并没有发生化学变化。同样道理，当水被加热到100℃的时候，它就会变成无色透明的气体，也就是水蒸气。在这个过程里，水分子还是水分子，没有改变，所以这些都是物理变化而不是化学变化。但是，如果我们把2个水分子分解掉，情况就不一样了。2个水分子被分解掉之后，氢原子和氧原子会重新组合，变成2个氢气分子H_2和1个氧气分子O_2。在这个过程中，水分子消失了，它们变成了两种新的分子，既然有新的分子形成，这个过程就是化学变化。

知道了什么是化学变化，我们自然也就知道了化学家在研究什么。他们要在分子和原子的层面研究物质是由什么组成的，还要研究这些物质有哪些性质，更要研究这些物质在发生变化的时候有什么规律。简单地说，化学家关心的是分子的性质、结构和变化规律。

现在，我们回头再看弗莱明发现染色体的故事。你肯定已经想到了，弗莱明虽然看到了染色体，但他根本不知道是什么东西构成了染色体，因为构成染色体的东西是某一种或某几种分子，而这属于化学家的研究领域。生物学家当然希望能够更进一步发现是什么东西构成了染色体，但他们的化学知识不够用，只能望洋兴叹了。所以说，当弗莱明发现染色体的时候，生物学家已经走到了死胡同。

你可能会想，如果真的有这样一个人，他既精通生物学又精通化学那该多好！要是他能精通这个世界上所有的学科，那就更好了！可是，这样的人存在吗？存在。还记得古希腊的亚里士多德吗？他就是这样一位通才，对当时几乎所有知识都很有研究。

但是，千万别忘了，人类文明的发展实在太快了，从古希腊到现在的2000多年时间里，我们掌握知识的数量不计其数，增长的速度也越来越快。不管是多么聪明、记忆力多么好的人，都不可能掌握全部的知识。甚至可以说，哪怕特别厉害的专家，哪怕是自己毕生从事的研究领域，一个人也只能掌握其中很小的一部分知识。在古希腊，能够出现亚里士多德这样的"全能型"学者，但在现代社会里，已经不可能再有这样的人了。

事实上，所有的知识之间都是有联系的，我们将知识划分成这么多学科，很大原因是我们的能力不足。就算19世纪的科学还不如今天这样发达，但想要对生物和化学两个学科都十分精通，那几乎也是不可能的事情。正因如此，生物学家在发现染色体之后根本看不见前方的路了，只不过，同样是在19世纪，一位化学家正在默默地进行着自己的研究，而且凭借自己的努力给生物学带来了新希望。

米歇尔的探索：脓液里的宝藏

弗雷德里希·米歇尔（Friedrich Miescher，1844—1895）是瑞士人，年轻时，他对神学很感兴趣，想当一名牧师。但是，他家中的长辈都不同意，毕竟他的父亲既是一名医生，又是一名教授，而他的叔叔是当时著名的解剖学家。有了这样的家庭背景，米歇尔想不学医都不行。就这样，米歇尔在巴塞尔医学院接受了医学教育，在1868年拿到了博士学位。接下来他应该干什么呢？成为一名受人尊敬的医生吗？为了决定米歇尔的前途，一家人聚在一起开了个会。

经过讨论，全家人都认为米歇尔不适合当医生。原因很简单，米歇尔的听力不好，而医生在治病救人的过程中，不但要经常和患者聊天，听他们讲自己的病情，还要拿听诊器进行听诊。如果听不清声音的话，显然当不成一位好医生。而米歇尔的叔叔认为，遗传学是非常重要的学科，想要了解遗传学的秘密一定会需要化学方面的知识。这是非常有远见的想法，于是，在叔叔的指导下，米歇尔最终没有选择医生这个职业，而是成为一名化学家。

毫无疑问，这个选择是正确的，因为米歇尔性格太内向，不善于和人交往，更不喜欢跟人说话，适合他的专业就是自己一个人静静地做实验和思考。就这样，米歇尔听从了叔叔的建议，到德国的图宾根大学（University of Tubingen）学习化学专业。这所大学在德国南部，与瑞士的巴塞尔紧紧相连，更重要的是，图宾根大学创建了德国第一所自然科学学院。1868年，米歇尔进入图宾根大学的一所实验室接受博士后资格培训，负责这所实验室的豪勃－塞勒（Hoppe-Seyler, E.F., 1825—1895）是当时非常有名的有机化学家。

豪勃－塞勒对血液里的成分以及血液的化学性质很感兴趣，而且他发现血液中的白细胞和脓细胞非常像。豪勃－塞勒对这件事非常好奇，于是，便建议米歇尔在这个方面进行研究。那么，为什么白细胞和脓细胞很像呢？

答案很简单，当细菌或其他外来的微生物侵入人体的时候，白细胞就像保卫人体的士兵，它们冲杀上去和这些外来的微生物打个你死我活。在这个过程中，死掉的细菌和白细胞共同形成了我们所能看到的脓液。也就是说，脓液中的脓细胞就是死掉的白细胞。在米歇尔生活的时代里，治疗细菌感染的抗生素还没有被发明出来，在医院里患者出现感染、流脓是非常常见的事，这为米歇尔提供了大量的实验材料。

在接下来的时间里，米歇尔到医院里收集来沾满了脓液的绷带，然后从这些绷带里把脓细胞分离出来，再把脓细胞中的细胞核分离出来。米歇尔希望这样能够分析脓液中的细胞成分到底是什么。对于米歇尔来说，完成这样的研究非常困难，因为他进行这项工作是在19世纪60年代，当时还没有现代分离技术。在他之前的生物、化学家们都是在整体组织的水平上进行研究的，而米歇尔达到了一个全新的层次，也就是细胞水平。可以说，米歇尔已经更进一步，开始研究细胞内部的结构和成分了。之前的科学家没有给他提供任何有用的分离技术，所以他只能使用最原始的办法——冲洗、沉淀、观察。

米歇尔非常有耐心地用各种溶剂一点点地冲洗细胞，再把洗出来的东西在显微镜下观察、分类，米歇尔想要弄清楚这些细胞在什么状况下才能析出蛋白质和脂类。在这个过程中，米歇尔使用了硫酸钠，这能让细胞分离的速度加快。当时，米歇尔的工作环境非常恶劣，他没有专用的实验室，只是在走廊里有一个工作台。这里人来人往，非常喧闹嘈杂，做起实验来非常困难，但就是在这么困难的情况下，米歇尔发现了一个别人没有注意到的现象。

米歇尔把细胞泡在各种含盐的溶液里，他发现细胞的表现非常不一样，有的发生膨胀，有的溶解或萎缩。从显微镜观测中可以看到，完整细胞或细胞核显现出一种比较稳定的细胞成分。于是，他用弱碱性溶液处理脓细胞，结果获得了一些沉淀物。这些东西不溶于水、乙酸、很稀的盐酸和氯化钠溶液，因此，米歇尔判断，它不属于任何目前已知的蛋白质类物质，而这就是核蛋白。

经过仔细比较之后，米歇尔发现他得到的这种蛋白质很

特殊，这种物质的性质和以前从皮肤中分离出来的肌球蛋白不同，那么，从脓细胞中获得的蛋白质是从哪儿来的呢？他观察到，弱碱性溶解液会引起细胞膨胀，最后导致细胞胀破，米歇尔认为此物质可能是存在于细胞核内的物质。想知道这个问题的答案，就需要把细胞核内的成分提取出来。

　　当时，大多数科学家都认为细胞核里的物质不仅在细胞核，在其他细胞器里都应该存在，而且是一种不太重要的细胞成分，米歇尔却认为细胞核可能含有一种独一无二的化学成分。为了证实他的猜想，米歇尔设计了一套非常巧妙且严密的提取方法。这套方法我们可以大致了解一下，但并不需要记住。他先是用酸解法和蛋白酶水解法把原生质和细胞核分开，再用加热的酒精洗涤水解物，除去脂肪类的物质。之后，他又用蛋白酶消化其中的蛋白质，再把破碎的浅灰色沉淀和黄色溶液分开，最终获得了富含磷的沉淀物。

米歇尔发现这些沉淀物有与众不同的特征，也不属于任何的有机物，更不像已知的蛋白质，于是，将它们命名为"核素（nuclein）"，当时的米歇尔只有25岁。但是，米歇尔并不知道他发现的核素就是染色体的组成成分，毕竟他缺少了与生物学家的合作。

在19世纪快要结束的时候，遗传学的前景看起来并不光明。达尔文的追随者一路走向了优生学；伟大的孟德尔被人们遗忘了，导致学术界根本不知道他的贡献；弗莱明发现了染色体；米歇尔发现了染色体的成分核素，却并不知道这些东西的真正作用。他们谁都想不到，在20世纪的最初十年，遗传学突然大放光彩。

第六章　20 世纪

原来真的有小颗粒

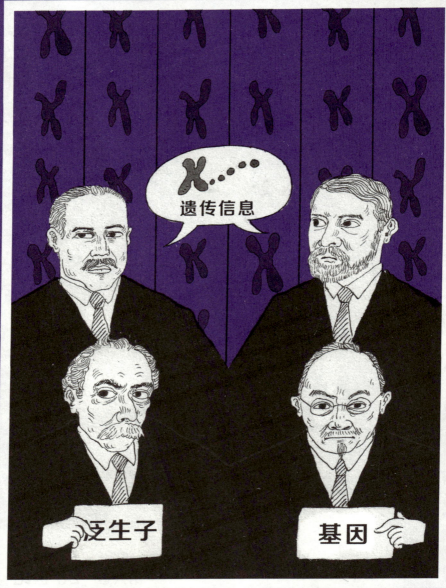

雨果・马里・德弗里斯
（Hugo Marie de Vries，1848—1935）
卡尔・埃里克・科伦斯
（Carl Erich Correns，1864—1933）
埃里克・冯・切尔马克
（Erich von Tschermak，1871—1972）
沃尔特・斯坦伯勒・萨顿
（Walter Stanborough Sutton，1877—1916）

西奥多・波弗利
（Theodor Boveri，1862—1915）
威廉・贝特森
（William Bateson，1861—1926）
威廉・约翰森
（Wilhelm Johannsen，1857—1927）

　　孟德尔和他的遗传学定律被科学界遗忘了几十
年，但他和他的成就不可估量的价值终于在20世纪
初期被三位科学家重新发现。从此，遗传学终于走
上了正路，科学家们也开始发现原来染色体就是那
些承载遗传信息的小颗粒。也正是在这个时候，科
学家们终于给这门科学定了下名字：遗传学；遗传
信息也有了它的名字：基因。

又见孟德尔：被遗忘的人重出江湖

　　1878年，达尔文已经是全球著名的科学家了。这一年
的夏天，他正在度假的时候，一位年轻的崇拜者前来拜访
他。这位年轻人名叫雨果·马里·德弗里斯（Hugo Marie
de Vries，1848—1935），也是一位生物学家，他长途跋涉、

不辞辛苦就是为了能见达尔文一面。

见面之后，两位科学家聊得非常愉快，他们连续谈了两个小时，达尔文才感到疲劳说要休息一会儿。对于达尔文来说，这次会面不过是和自己追随者的闲聊，但对德弗里斯而言，这两个小时的谈话将彻底改变他的人生，因为达尔文大大启发了他的研究。

其实，早在十年前达尔文就想研究变异的机制。一开始，他觉得这是一个很简单的问题，不会花费多长时间。没想到的是，十年时光转瞬即逝，达尔文在这方面根本没有取得任何进展。不过，达尔文有不计其数的追随者，他们愿意把这项研究继续下去，德弗里斯就是其中一位。在和达尔文畅谈了两个小时以后，德弗里斯决定要把精力投入遗传学，他立志要发现其中的规律。

德弗里斯先认真地学习了达尔文的泛生论，自然了解了达尔文提出的"胚芽"这个概念。但是，"胚芽"到底是什么东西呢？它们真的像达尔文所说的那样在生物体内广泛存在，然后把信息传递给生物的后代吗？在遗传的过程中，这些小东西又遵循着怎样的规律呢？

带着这样的疑问，德弗里斯开始研究植物。他发现每种植物都有很多不同的性状，比如花的颜色、叶子的形状

等，这些性状互相不干扰，而且会在植物繁殖的时候传递给后代。

你肯定想说，德弗里斯发现的这些规律并不稀奇呀，这些结论早就被孟德尔研究得清清楚楚的，而且孟德尔的两大遗传定律比德弗里斯的解释清晰得多。毕竟德弗里斯只是得到了一个模糊的结论，而孟德尔使用统计学方法得出了明确的定律。

但是，这个时候的德弗里斯根本不知道孟德尔是谁，他认为自己发现了前人从来没发现的东西，绝对是科学界划时代的成果。可以想象德弗里斯当时有多兴奋，他在1897年发表的一篇论文里面明确地提出，生物的每个性状都是某一种微粒决定的，而这种微粒承载了遗传信息。为了和达尔文的理论有所区别，他还特意用了"泛生子"这个词代替达尔文提出的"胚芽"。

德弗里斯认为，对于生物的每一个性状来说，在它们的身体里都有两种这样的微粒：一种来自父亲一方，另一种来自母亲一方，遗传信息就这样传递给了后代。这些微粒非常独立，它们既不会混合到一起，也不会在遗传过程中被丢掉。

按照达尔文的泛生论，泛生子的遗传信息是从生物全身获得的，然后漂浮在血液之中。可德弗里斯描述的微粒是独立存在的，也就是说，这个年轻人已经推翻了达尔文的泛生论。能超越伟大的达尔文，这当然是了不起的成就，德弗里斯沾沾自喜也是人之常情，他认为自己也一定会成为生物史上的伟大开拓者。但是，一封意料之外的信件打碎了他的梦想。

1900年是20世纪的第一年，在这一年的春天，德弗里斯突然收到了一篇论文，论文的作者正是孟德尔。原来，他的一位朋友无意间发现了孟德尔的论文，这位朋友知道德弗里斯在研究遗传学，而且研究对象是植物。这位朋友立刻想到这篇论文对德弗里斯肯定有用，于是，为了帮助德弗里斯，这位朋友马上把论文寄给了他。只不过，出乎朋友的意料，德弗里斯收到论文后惊得浑身冒冷汗，他惊奇地发现这个叫孟德尔的人不但早就发现了遗传定律，而且比他的研究更清楚、更完整，连他没想到的事也被孟德尔说得一清二楚。更让他惊讶的是，这篇论文是在1865年发表的，比德弗里斯的研究足足早了35年！

为了让自己在科学领域青史留名，德弗里斯急忙在1900年3月发表了自己的成果，只字未提孟德尔的论文。很显然，他希望自己能获得发现遗传规律方面的荣誉，他希望全世界都能忘掉这个叫孟德尔的家伙。但是，孟德尔的辉煌成就怎么会被遗忘呢？毕竟，除了德弗里斯以外，其他人一样会注意到孟德尔的伟大发现。

第二个发现孟德尔的人是卡尔·埃里克·科伦斯（Carl Erich Correns，1864—1933），他也进行了植物杂交实验，也得出了和孟德尔一样的结论。当科伦斯准备写论文发表研究成果的时候，他查阅了一下之前科学家的论文，结果也意外地发现了孟德尔的成果。接下来，他也和德弗里斯一样，急匆匆地发表了论文。

这是一件非常具有讽刺意味的事，因为科伦斯曾是耐格里的学生，正是耐格里给孟德尔的研究拖了后腿。更讽刺的是，耐格里对于孟德尔的态度一直特别傲慢，他从来没有认真对待孟德尔的发现，甚至从来没跟自己的学生说过这件事，以至科伦斯根本不知道伟大的孟德尔和自己的老师不但认识，还一直有联系。

除了德弗里斯和科伦斯，还有第三个人有着同样的经历。这个人叫作埃里克·冯·切尔马克（Erich von Tschermak，1871—1972），他生活在维也纳，就是孟德尔当年求学的地方。和前两个人一样，切尔马克也进行了遗传学研究，得出了类似的结论。于是，他也查阅了相关的论文，并且发现孟德尔早就把他想说的事情全部说清楚了。当然，他和另外两个人一样，抓紧时间发表了论文。

1900年，在不到三个月的时间里，三篇论文接连发表。这三篇论文的内容几乎一模一样，都是在重复孟德尔在35年前得出的结论。尽管这三位科学家都想成为这个领域的开创者，但是三个人都得出了几乎相同的结论，也都看过孟德尔的论文。最终，他们不得不承认，在这个领域的研究之中，孟德尔才是当之无愧的第一。

就这样，在20世纪伊始，在三位科学家的努力之下，孟德尔和他的发现终于引起了生物学界的重视。时至今日，孟德尔已经成为遗传学领域名副其实的开拓者，没有人可以掩盖他的光芒。值得欣慰的是，就在孟德尔被重新发现的三年后，便有人把他的理论发扬光大。

萨顿与波弗利的发现：遗传信息在哪里

染色体和遗传信息有什么关系？在 20 世纪早期，有两位科学家都对这个问题做出了精彩解答。虽然他们没有直接进行合作，但阐述这个问题的定律是用他们的姓氏共同命名的。

首先登场的人是沃尔特·斯坦伯勒·萨顿（Walter Stanborough Sutton，1877—1916）。萨顿是一位奇人，既是生物学家，又是优秀的医生，除此之外他还发明了不少开采石油的机器。他是怎么做到的呢？

萨顿出生在纽约州，在一个农场里长大，从小就经常接触农场里使用的各种机器。大概是因为小时候有这样的经历，萨顿上大学时选择了工程专业，准备跟机器打一辈子交道。但是，一场悲剧改变了他的人生方向。上大二的时候，他的弟弟生病去世了，这让萨顿改变了自己的理想，他要改行学医，去帮助那些被疾病折磨的人。因为生物学和医学的关系特别密切，萨顿决定先学习生物学，之后再去学医。就这样，萨顿对动物的发育进行研究之后发现，在遗传的过程中，染色体发挥了非常重要的作用，而且这些作用和孟德尔提出的遗传理论极其吻合。于是，萨顿在1903年发表了一篇论文，提出染色体对于遗传的重要作用。在这篇论文里，他反复提到了孟德尔的理论，并且提出了自己的观点，他认为染色体在遗传过程中的表现完全符合孟德尔的遗传定律。也就是说，孟德尔提出的"遗传因子"就在染色体上！

第二位登场的科学家叫作西奥多·波弗利（Theodor Boveri，1862—1915），他是一位德国生物学家，也是瓦尔代尔－哈茨的同事。你一定还记得，瓦尔代尔－哈茨正是把弗莱明发现的东西命名为染色体的人，他的同事波弗利则对染色体进行了更深入的研究。

在19世纪90年代，波弗利开始研究海胆。海胆是一种海洋里的有趣动物，它们一般生活在浅水区，形状像个球或者盘子。海胆外面有坚硬的外壳，这其实是它们的骨骼；在坚硬外壳的外面还长满了坚硬的刺，这是它们用来保护自己的武器。如果你不戴上厚厚的手套就去抓海胆，那么，你的手很有可能会被扎

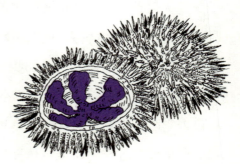

破。可以想象，其他动物如果想把海胆吞进肚子里，只怕是要吃些苦头了。

但是，再坚硬的外壳、再尖锐的刺也阻挡不了美食家的热情，当海胆被剥掉外壳之后，就变成了深受大家喜爱的美味佳肴。所以，当大家看到带刺的海胆时，首先想到的往往不是手被扎破的痛苦，而是舌尖上的愉悦。只不过，生物学家对于海胆的兴趣不在于它的美味，而在于海胆是一种模式生物。什么是模式生物呢？

原来，模式生物是生物学家选择的特定物种。对于模式生物来说，科学家对它们的研究特别深入，了解得特别细致，科学家通过研究模式生物能发现很多生物学知识。更重要的是，这些知识不仅针对模式生物，而且套用在其他生物身上也一样正确。也就是说，科学家在模式生物身上可以发现生物学的规律。就这样，波弗利把海胆当成了模式生物，开始对这个物种进行深入研究，他想要弄清楚的是胚胎怎样发育成一个成熟的海胆。那么，问题来了，研究胚胎发育的学科叫作胚胎学，它和遗传学有关系吗？答案是：大有关系！

我们已经知道，遗传的过程就是把遗传信息传递下去，可遗传信息成功传递下去之后有什么用呢？当然就是生物按照这些信息塑造自己的身体。换句话说，生物从出生到发育成熟经历了漫长的过程，而这一切都是在遗传信息的指导下进行的。再换言之，胚胎学和遗传学其实研究的是同一件事的不同阶段，这两个学科的关系无比密切。

波弗利先是观察了海胆胚胎的正常发育过程，在这个过程里，海胆的染色体也是正常的。之后，波弗利想到了一个问题，如果染色体那么重要的话，把染色体破坏掉，海胆是不是就不能正常发育了？于是，波弗利想办法把海胆胚胎里的染色体破坏掉了，结果和他猜的一样，海胆胚胎果然不能正常发育了。接下来，波弗利开始了他的思考：既然胚胎发育需要遗传信息，破坏了染色体之后，胚胎就不能正常发育，那么，很显然，染色体这种东西对于胚胎发育至关重要，难道遗传信息和染色体有关系？

结果，萨顿和波弗利得出的结论一样：遗传信息就在染色体里！之后，一位名叫爱德蒙·比彻·威尔逊（Edmund Beecher Wilson，1856—1939）的科学家把波弗利和萨顿的研究总结了一下，还给他们的研究成果起了个名字——波弗利-萨顿染色体理论。

这位威尔逊是什么人？凭什么由他来总结波弗利和萨顿的理论呢？其实也不奇怪，威尔逊不但是波弗利的好朋友，还是萨顿的老师。可能是和自己的学生关系更好，所以最初威尔逊把这个理论称作萨顿－波弗利染色体理论，把萨顿的姓放在了前面。不过，今天我们提起这个理论，通常是把波弗利的姓放在前面。

这个理论包含了不少内容，其中包括下面这两条核心观点：第一，染色体是遗传的基础；第二，遗传信息就藏在染色体里。

问题来了，波弗利和萨顿的理论经得起推敲吗？不一定。我们不妨回想一下波弗利的思考过程。首先，胚胎发育需要遗传信息；其次，胚胎发育需要染色体。所以，波弗利认为染色体承载了遗传信息。然而，还有另外一种可能性。在胚胎发育的过程中需要好几个缺一不可的必要条件，染色体也是必要条件之一，但它并不含有遗传信息，如果是这样的话，其实也符合波弗利观察到的现象。那么，波弗利和萨顿的发现到底是不是正确的呢？这个问题只能留给其他人来解决了。

值得一提的是，在波弗利和萨顿提出自己的重要理论之前，科学家们已经率先完成了另一件重要的事：命名。这又是怎样一个故事呢？

贝特森与约翰森确定术语：我们终于有名字了

孟德尔在遗传领域做出了巨大贡献，开创了一门新的学科。但是，他在世的时候，人们根本没有重视他的价值。20世纪初，生物学界重新发现了孟德尔，他开创的这门学科终于有了名字。

一位孟德尔的追随者率先出场了，正是他给孟德尔开创的学科起了名字。这位追随者是一位英国人，名字叫作威廉·贝特森（William Bateson，1861—1926）。贝特森曾经在英国剑桥大学学习，之后又到美国的实验室进行一段时间的研究。学成归来后，他再次回到自己的母校剑桥大学，专心投入遗传学的研究之中。

在重新发现孟德尔理论的整个过程，德弗里斯是位重要人物，他在1900年发表了自己的论文。没过多长时间，贝特森就意外地读到了这篇论文，这让他大喜过望，迫切地想马上看到孟德尔的论文，毕竟孟德尔的成果比德弗里斯高得多、早得多。于是，贝特森赶紧写信联系自己的一位朋友，希望朋友能帮他找到孟德尔的论文，而他的这位朋友就是达尔文的表弟、统计学家高尔顿。

看完孟德尔的论文后，贝特森认为这篇论文是生物学领域最优秀的研究之一，应该让所有人认识到孟德尔的贡献。从此以后，贝特森把宣传孟德尔定律当成了自己的目标，他还要所有人都知道孟德尔是怎样一位伟大的科学家。

在之后的岁月里，贝特森被人称作"孟德尔的斗犬"。不管是在法国、美国、德国，还是在意大利，贝特森一直在到处宣传孟德尔的成就。更重要的是，贝特森意识到孟德尔开创了一门全新的科学，这门科学应该有一个正式的名字。于是，贝特森创造出了一个新单词：遗传学（Genetics），从字面上就能看出这是研究遗传和变异规律的学科。

1905年4月18日，贝特森给自己的好朋友写了一封信，信里就已经使用了遗传学这个单词。在1906年的一次学术会议上，贝特森面向参加会议的众多科学家再一次使用了这个单词，在这里将这个单词宣布出来就意味着它能被科学界承认了。之后，这个学科有了正式的名字：遗传学。

从此，Gene这个词根所表达的含义越来越丰富。没过几年，它又被赋予了新的含义，做这件事的是一位丹麦遗传学家威廉·约翰森（Wilhelm Johannsen，1857—1927）。

约翰森出生在丹麦的哥本哈根，从小就在药剂师那里当学徒，并且很顺利地通过了药剂师的考试。但是，约翰森并没有当一辈子药剂师。1881年，他到一位科学家的实验室学习化学，为他以后的研究奠定了基础。只不过，约翰森的真正兴趣是在生物学领域。

1892年，约翰森成为一名大学教师，负责给学生讲授植物生理学，这是生物学的一个分支。就这样，约翰森成为一名生物学家，而在他生活的时代里，想要研究生物学就避免不了涉及遗传学知识，在学习和研究遗传学知识的时候，约翰森命名了很多重要的概念。

从古希腊时代开始，众多科学家一直在研究和遗传信息相关的概念。虽然关于究竟是什么东西承载了遗传信息这个关键问题还没人彻底给出完美的答案，但科学家们已经给这种神秘的物质起了很多名字，泛生子、胚芽、遗传因子等。不过，连名字都没有实现统一，对科学家来说这是一件非常不方便的事。

1909年，约翰森打算彻底解决这个问题，给承载遗传信息的东西起一个大家都认可的名字。一开始，他打算直接使用德弗里斯提出的"泛生子"，但泛生子这个概念不够准确，而且在历史上已经被用了很长时间，如果沿用下去的话，很可能把那些错误观念也传递下去。于是，约翰森转

念用泛生子（pangene）这个单词的一部分创造了一个新单词——基因（gene）。

在2000多年的时间里，众多科学家创造了很多名称，但只有约翰森提出的基因经受住了时间的考验，并一直沿用到了今天。从此以后，基因成为科学界公认的统一名称。

就这样，在1900年，三位科学家重新发现了孟德尔的伟大思想的全新价值；1905年，贝特森为遗传学命名；1909年约翰森创造了基因这个单词。在短短10年时间里，遗传学拉开了新的帷幕，孟德尔开创的时代即将真正来临。一个重要的问题再次出现在所有遗传学家的面前，基因到底在哪里？波弗利和萨顿两位科学家认为基因就在染色体上，只不过，他们的理论还需要进一步确认，别急，另外一位伟大的

遗传学家将会为我们提供答案。这位科学家的贡献和名声足
以和孟德尔相提并论，他会是谁呢？

第七章　**20世纪**

染色体就是那些小颗粒

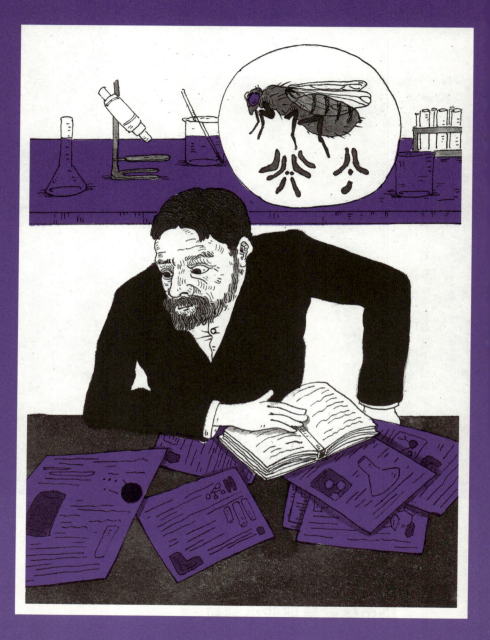

托马斯·亨特·摩尔根（Thomas Hunt Morgan，1866—1945）

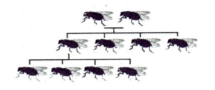

　　20世纪的美国出现了一位可以和孟德尔相提并论的遗传学家摩尔根。摩尔根带着自己的学生培养了无数果蝇并利用这种小昆虫证明了孟德尔遗传定律的正确性，更进一步确定基因就在染色体上。此外，摩尔根还提出了遗传学的第三条定律，遗传的秘密已经一步步被揭开了。

摩尔根的故事：另类人物成长史

　　托马斯·亨特·摩尔根（Thomas Hunt Morgan，1866—1945）在美国的肯塔基州出生、长大。可以说，他从出生就和遗传学结下了不解之缘。摩尔根出生在1866年，也就是说，他的母亲是在1865年怀孕的，而这一年恰好是孟德尔公布自己遗传学发现的年份。这当然只是一种巧合，不过，摩尔根本人曾经讲过这件事，显然他也对这个巧合津津乐道。

与孟德尔相比，摩尔根对遗传学的贡献有过之而无不及，更是因此获得了诺贝尔生理学或医学奖。因为这样的成就，摩尔根获得了全世界的瞩目。有趣的是，在他生活的时代里，当他家乡肯塔基州的人提起摩尔根这个姓氏的时候，想起来的却不是他，这是为什么呢？

原来，摩尔根家族在肯塔基州是相当有名且充满了传奇色彩的，其中最著名的便是托马斯·亨特·摩尔根的大伯约翰·亨特·摩尔根（John Hunt Morgan，1825—1864），为了简便起见，我们就叫他约翰·摩尔根。

在19世纪60年代，美国爆发了一场内战，就是我们今天所熟知的南北战争。当时的美国总统是著名的亚伯拉罕·林肯（Abraham Lincoln，1809—1865），他率领北方军队获得了胜利，并在这场战争里颁布了《解放黑人奴隶宣言》，废除了美国万恶的奴隶制度。

在南北战争中，约翰·摩尔根属于南方军队，也就是林肯总统的敌人。在这场惊天动地的大战中，南方军队失败了，约翰·摩尔根也因此付出了生命的代价。就算是这样，肯塔基州人民还是把他当成英雄，这使得他在当地非常有名。他的名声大到什么程度呢？我们从一个小故事里便可以感受到。

1936 年，约翰·摩尔根的侄子，也就是我们这个故事里的主角托马斯·亨特·摩尔根已经70 岁了，此时他早已功成名就，不但是著名的科学家，而且是肯塔基州第一位获得诺贝尔奖的人，肯塔基大学为了向他表达敬意，还特地授予他荣誉头衔。即使到了这个时候，当地的报纸在报道这件事的时候，新闻的标题上居然没有提到他是诺贝尔奖得主，也没提到他是一位伟大的生物学家，仍在特意强调他是约翰·摩尔根将军的侄子。从这个小故事我们就可以看出，约翰·摩尔根在肯塔基州有多么大的影响力。

这样的身份背景对摩尔根有两方面的影响：一方面，他是战斗英雄的后代，所以在当地备受关照，他的父母也总是给他讲述家族的辉煌历史；另一方面，他毕竟是战败一方的后代，所以那些战胜的北方人又看他很不顺眼。就这样，在摩尔根的成长之路上，不断受到这两种截然相反态度的对待，外在环境影响了摩尔根的性格，他变得非常独立自主，对任何外界的评价都不在乎。比如，摩尔根获得诺贝尔奖，此荣誉对任何人来说都是极大的荣耀，可摩尔根根本不在意，就连颁奖仪式都没有参加。很多人都想为他举办庆祝活动，摩尔根同样全部拒绝了。

这样的性格对科学研究倒是件好事，其他人对摩尔根进行批评的时候，他不会因为这些负面声音影响到自己的情绪，反而在科研道路上坚定不移地走下去。当然，想要成为科学家还需要对科学有着无穷的好奇心，这一点摩尔根同样毫不缺乏。在摩尔根还是个孩子的时候就特别喜欢科学，他经常到户外去观察大自然里的动物和植物。就这样，他在童年时代就几乎走遍、看遍了肯塔基州的山山水水。只观察大自然远远不够，还要从书籍中获取大量的知识才行，摩尔根酷爱阅读。他非常喜欢和生物学相关的书，经常通宵达旦地读书。就这样，他在自然界和书本之中获取了双份知识，甚至在自己的家里腾出两间房子，专门存放他制作的那些标本。这里是属于摩尔根自己的一片小天地，简直就是一座小小的私人博物馆，直到他去世之后，这两个房间的摆设仍然保持着原样。

摩尔根在16岁时顺利上了大学，并且按照学校的规定学习了很多课程。在这些课程里，摩尔根最喜欢的就是贯穿了四年大学生活的博物学，他最喜欢的老师就是博物学的主讲老师。在这位老师的指引下，摩尔根对博物学越来越感兴趣，也在本科学习期间打下了扎实的基础。本科毕业后，摩尔根阴差阳错地来到了约翰·霍普金斯大学，在这里攻读生物学的研究生。这所大学是1876年成立的，当摩尔根来到这里的时候，它才刚刚建校十年，还是一所很新的大学。那时，谁都不会想到约翰·霍普金斯大学会在后来影响了整个美国的教育。而在这所大学发展的关键时期，摩尔根恰逢其时地来到了这里。那么，这所大学究竟有什么突出特点呢？摩尔根在这里又受到了怎样的影响呢？

遗传学研究的前线：德国风格的美国大学

在谈论约翰·霍普金斯大学之前，我们先要搞清楚一个问题：美国的白人是从哪里来的？在咱们的概念里，美国的白人主要是从英国来的，所以美国想要独立就要脱离英国。但是，美国其实还有大量的德裔人口，也就是德国移民的后代。

在第二次世界大战期间，美国和德国是敌对关系，但美国军队里有很多德裔的将军，比如，五星上将、欧洲盟军的最高统帅、后来的美国总统德怀特·戴维·艾森豪威尔（Dwight David Eisenhower，1890—1969），他就是德裔；

再比如，第45任美国总统唐纳德·特朗普（Donald Trump，1946— ）经常引以为傲地宣称自己有德国血统。实际上，像他们这样的德裔美国人相当多，今天的美国有大约6000万德裔美国人。

既然美国有这么多德裔人口，自然受到德国文化方方面面的影响，约翰·霍普金斯大学就是按照德国大学的风格建立的。德国大学有什么特点呢？那就是特别强调科学研究的重要性。我们先要想一想，学校的主要工作应该是什么呢？你肯定会想到是教书育人，这当然没错。不过，在19世纪初，德国进行了一次教育改革，建立了柏林大学。从这件事开始，大学教育发生了非常大的变化。

在此之前，大学的主要任务就是把知识交给学生，可柏林大学不一样，这所大学特别强调科学研究。当时的德国教育家认为大学不仅需要传授知识，更需要发现新知识，所以科学研究要成为大学必须开展的工作。这个理念慢慢影响到全世界，今天我们走进世界上任何一所大学，都会发现大学在传授学生知识的同时，很多老师和学生都在进行科学研究。可以说，这样的传统是从柏林大学开始的。

现在你肯定想到了，约翰·霍普金斯大学受到德国教育风格的影响，也特别重视科学研究；不过，你可能想不到，在20世纪初，美国的医学教育进行了一次重大改革，整个美国的医学院校都把约翰·霍普金斯大学医学院当作模板，按照它的规范来进行改革；你可能更想不到，咱们国家的北京协和医学院也是完全按照约翰·霍普金斯大学医学院的模式建立的。由此可见，这所大学对美国乃至全世界教育的深远影响。

了解了这些背景，现在让我们的目光回到主人公的身上。到了这所大学之后，摩尔根的学术生涯可以称得上是如鱼得水。当时的约翰·霍普金斯大学虽然成立时间不长，也

没有那么大名气，但这里非常重视生物学研究，而且鼓励学生自己动手从事科研。摩尔根在这里发现课堂上几乎没有讲课的过程，老师会在上课前提供一个书单让学生自学，大部分时间都鼓励学生在实验室里自己做实验，这样的教学方法太适合摩尔根了。更重要的是，这所大学绝对不迷信权威，哪怕是那些著名教授的研究成果也允许学生们挑毛病，毕竟只有具备这样的学术批判精神，科学才能不断地进步。就这样，摩尔根没用多长时间就掌握了扎实的实验技术，而且发表了不少重要的论文。

在24岁的时候，摩尔根拿到了博士学位，此时的他已经是个合格的生物学家了。毕业后摩尔根几经辗转，最终在1903年来到哥伦比亚大学担任教授，也正是在这所大学里，他进行了极其重要的研究。

在20世纪第一个10年里，生物学界接连出现了几个重大发现：孟德尔的研究成果被重新发现了，贝特森命名了遗传学，约翰森命名了基因，波弗利–萨顿理论指出染色体就是基因的载体，这些故事我们已经在前文了解了。那么，摩尔根是不是立刻接受了这些重要成果呢？并没有。

一开始，摩尔根并不相信包括孟德尔遗传定律在内的遗传理论，他还认为复杂的遗传信息本来就应该储存在细胞的各个角落，而不是集中在染色体里。听说了他的看法，孟德尔的坚定支持者贝特森坐不住了，于是，很直率地抨击摩尔根是个"蠢货"。

这个时候，摩尔根两耳不闻窗外事的性格再次起了作用，听到贝特森不客气的辱骂他根本不在乎，而是拿出了科学家的冷静态度，准备用客观的眼光去看待这些成果。要知道，贝特森重复过孟德尔的实验，而且保留了大量的实验数据和图表，摩尔根虽然不在乎被骂，但非常在乎这些实验结果。在仔细看过了这些结果以后，摩尔根不得不承认贝特森说得对，孟德尔发现的遗传学定律是正确的。他也认为波弗利和萨顿的研究非常成功。但他也发现，这些理论其实都还不够完善。

波弗利已经发现基因就存在于染色体之中，但这个结果确定是正确的吗？染色体究竟是怎么发挥作用的？它是如何把基因传递下去的？基因在染色体里是如何排列的？基因在染色体上的位置是始终固定的吗？基因和基因之间会有什么相互联系吗？

这些问题都还没有答案，可是，一旦找对了方向，摩尔根的科研能力就会派上用场，他决定沿着这些科学家指明的方向继续前进。只不过，在进行这些研究之前，一定要选择

生命的螺旋阶梯

合适的生物来进行实验，摩尔根选择的研究对象是果蝇。

　　想要用果蝇来做实验，首要条件就是得有足够多的果蝇。于是，从1905年开始，摩尔根用了一年的时间饲养这种看起来并不可爱的小动物。为了养果蝇，摩尔根在自己的实验室里准备了大量的香蕉。要知道，香蕉腐烂的时候气味非常难闻，这让摩尔根的实验室在学校里出了名。学生们都把他的实验室叫作"蝇室"，可谁都没想到，就是这几间充满恶臭气味的房间，在未来和孟德尔的修道院一样，成为遗传学历史上极具纪念意义的场所。

　　那么，在果蝇身上，摩尔根发现了遗传学的什么秘密呢？

摩尔根的功劳：基因在染色体上

　　摩尔根和孟德尔大不一样，孟德尔是一名修道士，只能在修道院里孤独地进行实验，而摩尔根是大学教授，他有能力组建一个庞大的科研团队。没用多长时间，摩尔根就吸引了很多学生前来参加他的实验，有了这些好帮手，摩尔根便可以大展拳脚了。

　　这些学生的第一个任务就是帮摩尔根饲养果蝇。乍一看，这是一个很简单的工作，但越是普通的工作，越需要耐心和细心，因为很多重要的发现就隐藏在平常的现象里。在饲养果蝇的过程中，摩尔根的一位学生发现了一个微小的变化：果蝇的眼睛都是红色的，但这位学生在几百只果蝇里发现居然有一只果蝇的眼睛是白色的。这是一种非常罕见的变异，要是稍微不细心，就可能错过了揭开科学神秘面纱的机会。

摩尔根拥有了这只白眼果蝇之后，就用它来继续繁衍后代。有意思的是，这只白眼果蝇繁衍出来的下一代果蝇没有一只是白眼的；更有意思的是，如果让下一代果蝇继续繁衍，再下一代果蝇又出现了白眼，而且红眼和白眼的数量比例是 3∶1。这个比例你肯定不陌生，在孟德尔种豌豆的实验里就曾经反复出现过这个比例。看来，孟德尔发现的遗传定律一定在其中发挥着作用。

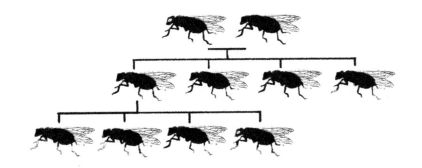

　　既然白眼果蝇的有些后代也有白眼，就说明这个变异而来的性状可以被保留下来。但是，让摩尔根感到非常意外的是，所有白眼果蝇都是雄性的，竟然没有一只是雌性的，而这个发现和孟德尔的观点很不一样！

　　孟德尔认为生物的性状都是独立存在的，比如，豌豆的颜色和种子的形状这两者之间是完全没有任何关系的，因为每一个性状都是独立遗传下来的，理论上所有的性状都可以自由组合。所以，孟德尔培育出了各种组合的豌豆，比如黄色圆粒和绿色皱粒等。问题来了，性别也是一种性状，果蝇的白眼也是一种性状，如果按照孟德尔的想法，这两种性状之间也不该有任何关系。可是，根据摩尔根的实验结果，这两种性状却被牢牢"锁定"在了一起，这到底是怎么回事？

　　此时，摩尔根灵光一现，想到了其他科学家的发现。在20世纪初期，科学家已经发现了性染色体，这是能够决定生物性别的染色体。既然性别这个性状和性染色体有关，而白眼这个性状也和性别锁定在一起，那么，白眼这个性状也应该和性染色体有关系。接下来，摩尔根继续饲养果蝇做实验，同时按照孟德尔发现的遗传学规律推演性染色体上的基因是如何传递的。最终他发现，假设代表白眼这个性状的基因在性染色体上，那么，这个性状在遗传方面的表现是完全符合遗传学规律的。于是，摩尔根得出了结论：基因就在染色体上！

在1910年到1912年，摩尔根繁殖了几万只果蝇，而且他把所有实验数据都详细地记录下来，其中包括果蝇的颜色、绒毛的情况以及翅膀的长短等性状。这些实验数据足足有几十大厚本，可以说信息量非常大，处理这些数据也需要花费大量的时间和精力。

摩尔根很有耐心地把这些数据进行了统计分析，结果他发现了一个惊人的结果，两个性状锁定在一起的情况并不是特例！比如，果蝇的身体是黑色的是一种性状，翅膀某种特定的形状也是一种性状，这两个性状也是锁定在一起的。也就是说，孟德尔最初的设想是错误的。

如何解释这种现象呢？摩尔根经过深思熟虑之后认为只有一种可能性，那就是有些基因之间存在着物理连接，通俗地说，这些基因在染色体上是紧紧连在一起的；而且，越是关系密切的基因，它们在染色体上的距离就越近。通过这样的研究，摩尔根认为基因就像珍珠，染色体就像是用这些珍珠穿成的项链，有些基因因为被串在一起且紧紧相邻，所以在遗传的过程中只能同时表达出来。

问题来了，既然孟德尔认为"性状之间没有关联"是错误的，可为什么当初他种豌豆发现的遗传规律又是正确的呢？孟德尔当初选择了豌豆的7个性状，而豌豆恰好有7条染色体，表明孟德尔选择的7个性状的基因分别在这7条染色体上。这实在是巧合中的巧合，我们也只能说孟德尔是个无比幸运的人。也就是说，摩尔根和孟德尔的发现其实并不冲突，孟德尔只是因为幸运才从那极为特殊的7个性状里发现了正确的遗传定律，而摩尔根的发现是对孟德尔的重要补充，他发现的遗传定律被称作"基因连锁定律"。

　　既然很多基因是被锁定在一起的，那么，它们真被"锁"得那么牢固吗？它们会发生分离吗？

　　摩尔根经过进一步研究发现，虽然很多基因被锁在一起，但在特殊情况下，它们也会发生分离，有些基因锁得不那么牢固更容易发生分离，而有些基因则紧紧锁在一起，几乎是分不开的。于是，摩尔根进一步推论，凡是锁得更牢固的基因，它们在染色体上距离更近。同样道理，容易分离的基因在染色体上离得就稍微远一点。这个发现非常了不得，既然知道了基因距离的远近，岂不是可以按照这个远近关系把基因在染色体上的位置画成图吗？没错。

　　别忘了，摩尔根养过几万只果蝇，收集了大量的实验数据，在1911年冬天的一个晚上，摩尔根的一位学生把实验数据带回了宿舍。他按照这个思路，把果蝇的基因排列组合，画出了世界上第一张果蝇染色体的基因图谱。可以说，这为后来的人类基因组计划拉开了帷幕，而这名20岁的大学生仅花了12个小时就完成了这项伟大的工作，当然这和摩尔根团队充足的实验准备是分不开的。正是因为托马斯·亨特·摩尔根做出了如此重要的贡献，他在1933年获得了诺贝尔生理学或医学奖，这也是和遗传学有关的第一个诺贝尔奖。

在此之前的2000多年时间里，从希波克拉底开始，科学家们相信生物体内有某一种微小的颗粒传递着遗传信息，但它究竟是不是存在，它到底是不是某一种实体，这些问题的答案并没有人可以确定。通过之前很多科学家的研究，我们已经把这种遗传信息称为基因，而且知道基因依托于某一种有形的物质，以某种特殊的形式存在于细胞之中。而通过摩尔根的实验，我们已经基本可以确定基因就在细胞核的染色体里。

不过，还有一个关于基因的假设并没有被证实，既然基因的作用是传递遗传信息，那么，如何证明基因是可以传递的呢？

第八章　20 世纪

基因可以传递

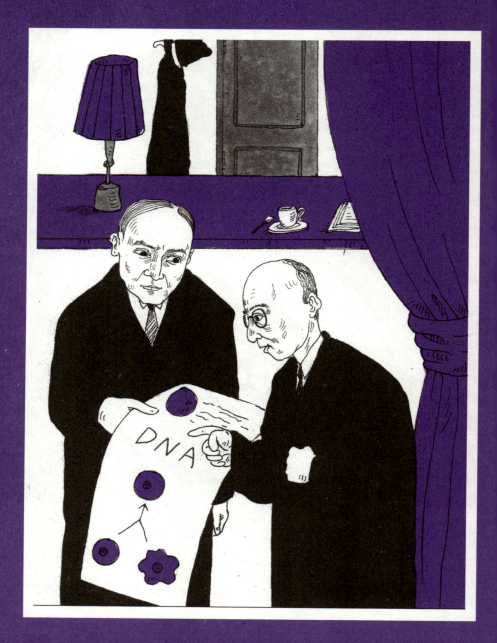

弗雷德里克·格里菲斯（Frederick Griffith，1877—1941）
奥斯瓦尔德·艾弗里（Oswald Avery，1877—1955）

　　虽然此时科学家们已经知道基因就在细胞核、在染色体里，但基因能不能传递？又是怎样传递的呢？科学家们在研究细菌的过程中发现基因确实可以传递，而且核酸可以分为两种，分别是脱氧核糖核酸RNA和核糖核酸DNA，并且传递基因的东西就是DNA。于是，科学界对于基因的认识又深入了一步。

格里菲斯的追问：基因可以传递吗

　　在20世纪初期，经过摩尔根对果蝇的研究，遗传学已经取得了极大进展。此时，遗传学家们终于确定基因就藏在染色体里。但是，关于基因到底能不能从一个生命体传递到另一个生命体的问题仍然是个没有被证明的巨大谜团。

摩尔根认为基因像珍珠一样，它们被细绳子穿成了珍珠项链，然而他自己也不知道这些"珍珠"是由什么东西构成的，更不知道他心中的"细绳子"是什么。基因之所以这么难以研究，很重要的原因是它和生物"难舍难分"。

这是什么意思呢？在正常情况下，基因始终和生物体密不可分、融为一体。在细胞繁殖的过程中，基因确实会把自己复制一遍，然后传递到后代当中去。但是，整个过程都是在细胞里进行的，我们隔着细胞当然搞不清楚其中发生了什么。

沿着这个思路，我们便会想到这样几个问题：如果把基因从细胞里拿出来会怎样？如果把一种细胞的基因放到另一种细胞里，基因的特性会被传递过去吗？换句话说，正常情况下，基因是从上一代传到下一代，现在要把基因转移到另外一个完全独立的个体里，而这个过程有个科学术语叫作转化。转化现象很难发生在多细胞的生物里，比如，我们人类就是多细胞生物，在我们体内有不计其数的细胞，想要把外来的基因注入每一个细胞里，这是不可能做到的事情。但在单细胞生物体内，转化是有可能发生的。对于单细胞生物来说，一个细胞就是一个独立的生命体，比如，我们熟悉的细菌就是单细胞生物，那么，如果把外来的基因拿过来，它们能对细胞产生作用吗?

在20世纪20年代，一位英国的细菌学家进行了这项研究，他的名字叫作弗雷德里克·格里菲斯（Frederick Griffith，1877—1941）。当时，格里菲斯是英国卫生部的医疗官，他研究的生物是肺炎球菌，他之所以会对这种细菌感兴趣，和一场全球流行的传染病有关。

1918年，全世界暴发了一场极其严重的传染病——大流感。流感就是流行性感冒，虽然名字跟普通感冒很像，但它们确实是完全不同的两种疾病。普通感冒是自愈性疾病，不管你治疗与否，经过7天左右的时间都能自己恢复。流感可不一样，它是一种十分凶险的传染病，会造成很多人死亡。尤其是1918年的这次全世界范围的流感杀死了几千万人，第一次世界大战的结束就和这次流感有直接关系，可想而知它有多么可怕。

流感的病原体是流感病毒，但有时候病人也会同时感染其他病原体，比如，肺炎链球菌。一旦同时感染这两种病原体，对病人来说就更危险了，这引起了英国卫生部的高度重视，所以才委任格里菲斯研究这种细菌。

格里菲斯是位非常厉害的细菌学家，没用多长时间，他就发现肺炎链球菌分两种类型：一种表面比较光滑，表示

"光滑"的英语单词是smooth，格里菲斯就用这个单词的首字母命名这个类型，管它们叫"S型肺炎球菌"；另一种肺炎球菌比较粗糙，表示"粗糙"的英语单词是rough，于是，这个类型就被叫作"R型肺炎球菌"。

格里菲斯发现S型肺炎球菌的杀伤力更强，这和它们表面"光滑"是有关系的。在这种细菌的表面有一层荚膜，这层外壳是由一种名叫多糖的物质构成的，正是这层多糖荚膜让S型肺炎球菌杀伤力更强。这是为什么呢？

人体对细菌是有抵抗力的，而抵抗力就来自我们的免疫系统。如果把我们的身体比喻成一个国家的话，免疫系统就是军队，当外界来的敌人进入身体的时候，免疫系统就会发现并且消灭它们。但S型肺炎球菌表面有光滑的荚膜，就像防弹衣一样，对它形成了有效的保护，使它能逃避免疫系统的追杀，然后在生物体内进行破坏。而R型肺炎球菌没有这层保护，所以对生物体的危害就比较小。

那么，针对这两种不同的肺炎球菌，格里菲斯进行了怎样的实验呢？

首先，他证明活着的R型肺炎球菌对小白鼠没有危害。这个道理我们已经知道了，R型肺炎球菌没有防弹衣，也就是那层光滑的外壳，所以会被免疫系统消灭掉，自然也就不能杀死小白鼠。

其次，他证明死掉的S型肺炎球菌对小白鼠也没有危害。他先是把S型肺炎球菌加热，这样就把细菌统统杀死了，然后把死掉的细菌注入小白鼠体内。虽然有防弹衣，但这些细菌已经死掉了，所以也没什么危害，小白鼠果然活了下来。

这两个步骤非常容易理解，但接下来的一步就非常神奇了。格里菲斯把活着的R型肺炎球菌和死掉的S型肺炎球菌混合在一起，相当于活着的、没穿防弹衣的细菌和死掉的、穿着防弹衣的细菌相遇了。实验的结果完全出乎他的意料，实验用的小白鼠居然被混合起来的细菌杀死了。原本两种没有杀伤力的细菌混合在一起，为什么会变得如此厉害呢？难道它们产生了一种新细菌吗？

格里菲斯对死掉的小白鼠进行了研究，结果发现，在小白鼠体内居然存在活着的S型肺炎球菌，也就是那些活着的、穿防弹衣的细菌！问题是，这种细菌是从哪里来的呢？想知道这个问题的答案，我们先重新整理一下思路，对刚才讲过的实验进行简单的总结：

$$活R + 死S = 活S$$

或

$$活、没防弹衣 + 死、有防弹衣 = 活、有防弹衣$$

为什么会出现这样的情况呢？有两种可能：第一，S型肺炎球菌死而复生；第二，R型肺炎球菌受到死掉的S型肺炎球菌影响，变成了S型肺炎球菌。很容易想到，死而复生是不可能的事，大自然的规律不允许这样的事情发生，所以真相只有一个，R型肺炎球菌变成了S型肺炎球菌，活着的细菌从死掉的细菌身上继承了防弹衣！

也就是说，活的R型肺炎球菌仅仅是接触到了死的S型肺炎球菌就获得了多糖荚膜这件防弹衣。但是，还有一个问题，S型肺炎球菌虽然已经被杀死了，但组成它的所有成分都还在，那些R型肺炎球菌肯定从S型肺炎球菌这里拿走了一些东西，但它们拿走的到底是什么呢？

一开始，格里菲斯认为R型肺炎球菌直接拿走了S型肺炎球菌的防弹衣，然后安装在自己的身上，这样它就摇身一变，从无害的R型肺炎球菌变成了有害的S型肺炎球菌。如果是这样的话，这种新产生的S型肺炎球菌本质上还是R型肺炎球菌，可以理解为"暂时穿上了S型肺炎球菌防弹衣的

R 型肺炎球菌"。

如果是这样的话，这些细菌其实还是 R 型肺炎球菌，如果它们繁殖后代，应该还是 R 型、没有防弹衣的细菌。但事实不是这样，格里菲斯把这种新产生的 S 型肺炎球菌进行了繁殖，结果发现，新繁殖出来的肺炎球菌还是 S 型。也就是说，这根本不是穿着 S 型肺炎球菌外衣的 R 型肺炎球菌，而是彻头彻尾地变成了有防弹衣的 S 型肺炎球菌。

既然是这样，也就说明 R 型肺炎球菌被彻底改变了，它获得了新的基因，从而具备了自己生产防弹衣的能力。这可不是一件小事，因为它证明了一件非常重要的事：就算生物死了，基因还能起作用，它是独立存在的保存遗传信息的单位。

回想一下，在这个实验的开始，S 型肺炎球菌就被杀死了。但在它遗留下的物质里还有某种化学物质在发挥作用，而且把 R 型肺炎球菌转化成了 S 型肺炎球菌。也就是说，基因可以不需要任何生殖方式就能在不同的生物之间传递。换句话说，格里菲斯证明了生物体内一定有某种化学物质，它可以把基因传递下去。

这个结论相当重要，因为之前的科学家已经证明染色体是基因的载体，而在杀死 S 型细胞的时候，不管细胞、细胞核还是染色体统统都被破坏了，但细菌的基因还是可以传递下去，这说明对于基因的研究可以在染色体的层面继续深入。在染色体里，一定还有更小的东西，它们才是承载基因的主角！

　　遗憾的是，格里菲斯是个非常低调的人，他对公布自己的研究成果并不热心，对于学术活动格里菲斯也是能不去就不去。曾经有过这样的故事，为了让格里菲斯去参加学术活动，他的朋友硬把他塞进出租车，替他付了车费，这样才把他送到目的地。

　　发现了转化现象之后，格里菲斯一直在犹豫，拖了好几个月之后，他才在一本非常不出名的学术期刊上发表了论文。在这篇论文里，格里菲斯依然保持了自己低调的性格。

他知道自己的发现撼动了遗传学的基础，但他完全没有沾沾自喜。

就这样，他在论文里描述了转化现象，而且说他的研究仅仅是出自好奇心。他并没有明确地提到自己已经发现遗传的基础是某种化学物质。结果，这样一篇重要的论文没有引起科学界足够的重视。

更令人遗憾的是，格里菲斯遭遇了第二次世界大战。1942年，德军轰炸了英国首都伦敦，格里菲斯不幸地死在了轰炸之中。唯一值得庆幸的是，他的发现不会永远默默无闻，依然有人沿着他开辟的道路继续前行。

艾弗里的疑问：基因在DNA里吗

另外一位曾任医生的科学家把格里菲斯的工作继续了下去，他的名字是奥斯瓦尔德·艾弗里（Oswald Avery，1877—1955），从小他的身体就很差，经常生病。因为艾弗里非常瘦弱，所以头显得特别大，看起来就不像是个健壮的孩子，亲戚朋友都认为他是最不可能成才的人。

恰恰是这个原因让艾弗里立志成为一名好医生，他希望人们能够远离病魔的困扰。艾弗里是一个极其有毅力的人，为了实现当医生的目标，他远离家乡加拿大，来到美国纽约，在哥伦比亚大学医学院拿到了博士学位之后真的成为一名医生。艾弗里还凭借着这份毅力让自己的人生更加丰富精彩。在第一次世界大战期间，身材瘦弱的艾弗里果断参军，不但成为医疗队长，而且经受住考验度过了残酷且漫长的世界大战。战争结束以后，艾弗里再次回到纽约，他一边当医生，一边进行细菌学研究，因为这段从事科学研究的经历，他成为一名大学教授。

艾弗里最早研究的是乳酸菌，他认为这个东西很有商业价值，能赚大钱。后来，他又开始研究结核菌，因为当时肺结核是一种很常见的疾病，艾弗里的一个同事就是患肺结核去世的，所以艾弗里想要战胜这种疾病。除此以外，他还研究过免疫学、血清治疗等方面的内容。不难看出，艾弗里的兴趣非常广泛，从事了各个领域的研究。只不过，和格里菲斯一样，他也是非常低调的人，所以他很少发表论文，也没有写过书，甚至没有进行过公开演讲，这导致艾弗里在学术圈的知名度并不高。

1933年，艾弗里听说了格里菲斯的研究成果，但他并不相信化学物质可以在细胞之间传递遗传信息，他认为是格里菲斯在实验过程中犯了错误，才得出错误的结论，所以他决定通过严谨的实验证明格里菲斯的错误。此时的艾弗里已经55岁了，对很多科学家来说，他们最重要的成果往往是在青年时代完成的，毕竟年轻人思维活跃、精力旺盛。艾弗里早已不再年轻，虽然错过了进行科学研究的最佳年龄，但艾弗里的毅力弥补了这个缺点。就这样，艾弗里把格里菲斯的实验重复了一遍，结果得出了和格里菲斯一模一样的结论。这时，艾弗里也只能承认格里菲斯的结论是正确的，他决定在这个基础上进一步研究，去发现具体传递基因的物质是什么。

艾弗里的思路非常清晰，组成细胞的成分有很多种，其中某一种是负责传递基因的。首先去掉细胞中的一种成分，如果转化现象依然存在，那么，这种成分就和基因无关。只要把组成细胞的物质一样一样地试一遍，总会发现这样一种物质，当它消失的时候，转化现象也跟着消失了，那么，这种物质一定就是传递基因的关键物质。

细胞有很多种成分，最主要的就是糖类、脂类和蛋白质。艾弗里先杀死了穿着防弹衣的、光滑的S型肺炎球菌，并且去掉其中的糖类，再重复格里菲斯的实验，让这种死掉的S型细菌和活着的R型细菌接触。

结果他发现，转化现象还是发生了，这说明糖类和传递基因没有关系。在接下来的实验里，艾弗里继续对脂类和蛋白质依次进行尝试，结果并没有什么变化，这些成分都和传递基因没有关系。这样的结果让艾弗里非常苦恼，因为他心中可能性最大的几种物质都被排除掉了。这个时候，艾弗里想起了核酸，也就是19世纪晚期被米歇尔发现的核素，在这几十年的时间里，化学领域也取得了巨大进步，在艾弗里进行研究的时候，科学家们对核酸的了解已经很深入了。

核酸分为两种：第一种叫脱氧核糖核酸，简称DNA；第二种叫核糖核酸，简称RNA。于是，艾弗里使用了一些化学方法，去除了S型细菌中的DNA。当这番操作完成之后，艾弗里惊奇地发现转化现象居然消失了，R型细菌再也不能从S型细菌那里得到防弹衣了。现在，答案已经呼之欲出了。

DNA就是传递基因的化学物质！

可是，艾弗里本人都怀疑这个结果的准确性，为了进一步检验自己的研究成果，艾弗里进行了进一步研究。他采取了很多方法验证自己的实验，结果发现无论怎么尝试结果都一样，导致细菌出现转化现象的物质就是DNA。

格里菲斯只研究了肺炎球菌这一种细菌，而艾弗里对其

他细菌进行了同样的实验，也得到了相同的结果。这说明
DNA 传递基因的事实不是个别现象，而是普遍规律。

可以说，在身材瘦小但性格坚毅的艾弗里手中，DNA
的作用已经得到了证实，这对于遗传学而言是里程碑式的进
步，如果授予艾弗里诺贝尔奖也是理所应当的，然而，偏偏
是因为这个伟大的发现，艾弗里反而和诺贝尔奖失之交臂，
这是为什么呢？

别忘了，艾弗里和格里菲斯一样都是非常谨慎、低调的
人。他总是觉得自己的发现没有完全得到证实，还需要更多
证据。结果他发表了一篇著名的论文，里面非常清楚地指出
格里菲斯的实验是正确的，但他对 DNA 就是基因载体的观
点说得非常含混。没想到，就是这篇文章耽误了他被世界的
高度认可。

原来，艾弗里在进行遗传学研究之前就已经是非常著名
的科学家了，他曾在免疫学领域做出了非常重要的贡献。凭
借这些贡献，诺贝尔奖委员会已经打算提名他为获奖候选人
了，但就在这个时候，艾弗里发表了那篇论文。诺贝尔奖委
员会的成员看到以后认为这篇论文的价值非常大，但说得有
些含混，让人感觉艾弗里对自己的成果还不是那么确定，如
果这个结论能够被进一步证实，那将是科学史上的大事，艾

弗里因为这项成就得到诺贝尔奖就更顺理成章了。遗憾的是，就在诺贝尔奖委员会犹豫的时候，艾弗里去世了。按照诺贝尔奖评选的规则，奖项只能颁发给在世的人，艾弗里就这样错失了诺贝尔奖。

以我们今天的眼光看，艾弗里的实验已经证实了DNA的作用。更重要的是，DNA是一种分子，艾弗里的研究让遗传学正式进入分子研究的层面，这是一个划时代的成果。如果单纯从科学技术的角度看，艾弗里的贡献不在孟德尔和摩尔根之下。在后面的故事里，还会出现很多诺贝尔奖得主，和他们相比，艾弗里的贡献可谓是有过之而无不及。遗憾的是，因为艾弗里过于谨慎，他的名声与贡献并不相匹配。

但对于科学研究来说，谨慎一点并不是坏事。艾弗里对自己的成果总是抱着一丝怀疑的态度，而另外两位科学家采取了一种巧妙的办法证明了艾弗里的成果是完全正确的，他们的身影将会出现在后面的故事里。

第九章　20 世纪

DNA 的成分很重要

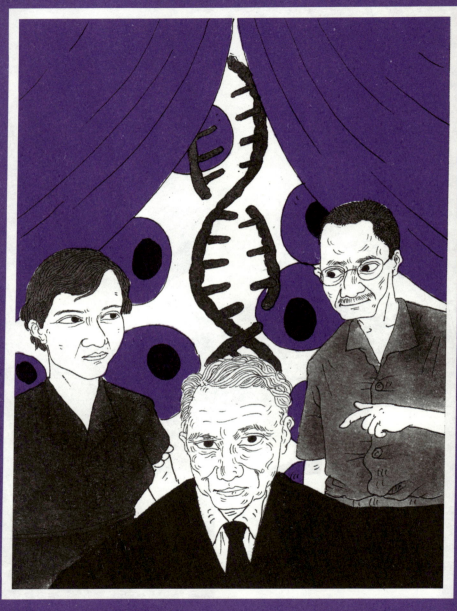

埃尔文·查伽夫（Erwin Chargaff, 1905—2002）
阿尔弗雷德·赫尔希（Alfred Hershey, 1908—1997）
玛莎·蔡斯（Martha Chase, 1927—2003）

　　既然已经知道DNA承载着基因，接下来就要弄清楚DNA的成分才能进一步了解它的结构。查伽夫发现腺嘌呤和胸腺嘧啶的含量总是一样的，同时，赫尔希和蔡斯采取了一个巧妙的方法确认了艾弗里的发现，这个过程中发生了什么故事呢？

查伽夫的贡献：我弄清了 DNA 成分的比例

　　艾弗里已经证明了DNA的价值，想要继续深入研究下去的话，就需要进一步了解DNA的成分和结构了。DNA和RNA都是核酸，而组成核酸的成分是核苷酸，有趣的是，发现核苷酸的人正是艾弗里的同事菲伯斯·莱文（Phoebus Levene，1869—1940），他是一位出色的生物化学家。只不过，恰恰是因为莱文的发现才让艾弗里对自己的成果产生了莫大的怀疑，这是怎么回事呢？

我们已经知道核酸分成DNA和RNA两种，之所以这么分，是因为组成DNA和RNA的核苷酸是不同的。核苷酸是由三种成分组成的，第一种成分是磷酸，第二种成分是核糖或脱氧核糖，第三种成分是嘌呤碱或嘧啶碱。很容易猜到，第二种成分有两种选择，含有核糖的便是RNA核糖核酸，而含有脱氧核糖的就是DNA脱氧核糖核酸。

核苷酸的第三种成分是碱基，根据碱基的种类不同，核苷酸也被分成了好几个种类。当我们描述这些不同的核苷酸时，通常也是用这些碱基的名字描述的。在DNA里，有四种碱基，分别是腺嘌呤、鸟嘌呤、胸腺嘧啶和胞嘧啶；而在RNA之中也有四种碱基，其中三种都和DNA一样，只不过RNA之中没有胸腺嘧啶，有的是尿嘧啶。

在生物学里，对于核苷酸里的碱基我们通常用A表示腺嘌呤，用T表示胸腺嘧啶，用G表示鸟嘌呤，用C表示胞嘧啶，用U表示尿嘧啶。使用这样的符号可以让我们更清晰地表示它们。

通过对DNA分子的研究，莱文已经发现DNA分子是由一串核苷酸组成的，DNA分子是链条这个观点完全正确，可惜的是，莱文对于这些链条的真正样子进行了错误的猜测。莱文提出的理论叫作"四核苷酸学说"，他认为 DNA 分子是由磷酸构成的骨架，而那四种核苷酸每四个一组，排列在这个骨架上。也就是说，含有腺嘌呤、鸟嘌呤、胸腺嘧啶和胞嘧啶的核苷酸四个一组构成了一个基本单位，而整个 DNA 链条就是很多个这种基本单位首尾相接连在一起的。可以说，他假想的 DNA 分子模型实在太简单了，当然不可能记载和传递复杂的信息，因此，莱文把它们称作"愚蠢的分子"。

　　莱文的"四核苷酸学说"影响很大，这让当时几乎所有科学家都坚信 DNA 分子绝对不可能是基因的载体。事实上，正是因为莱文的这个理论，艾弗里才会一直怀疑自己的发现是否正确。在很长一段时间里，艾弗里完全没

有考虑 DNA 的价值，但在尝试了其他所有物质之后，他一直没有得到自己想要的结果，这才最终确定了 DNA 是基因的载体。

生命的螺旋阶梯

　　幸运的是，另一位科学家通过实验推翻了莱文的"四核苷酸学说"，这位科学家是埃尔文·查伽夫（Erwin Chargaff，1905—2002），他通常被认为是美国科学家。不过，在成为美国人之前，他的经历相当复杂。查伽夫1905年出生在奥匈帝国的布科维纳，奥匈帝国包括了今天的奥地利和匈牙利，曾经是个相当强大的帝国。不过，今天这个帝国已经不复存在了，因为在第一次世界大战结束之后，奥匈帝国便四分五裂了。至于查伽夫的家乡布科维纳，今天属于乌克兰。

　　1914年第一次世界大战爆发，查伽夫一家搬到了奥地利的首都维也纳，当时这里的科学和教育都很发达，查伽夫受到了良好的教育，并且在1928年拿到了博士学位。这个时候，第一次世界大战已经结束，世界重获和平，学者们开始有机会去往不同的国家进行学术交流。查伽夫先去美国工作了几年时间，又来到了世界一流的德国柏林大学。柏林大学特别强调科研的重要性，这为查伽夫提供了良好的工作环境。但在1934年情况发生了变化，因为此时德国对于犹太人已经越来越不友好了，查伽夫正是犹太人。为了躲避迫害，查伽夫决定离开德国，而他曾经工作的美国看起来是个不错的选择。就这样，查伽夫在1935年来到纽约，在哥伦比亚大学找到了一份工作。你一定还记得，当年摩尔根就是在这所大学里对果蝇进行了研究，也正是在这所大学里，查伽夫也开始了对DNA的研究。

查伽夫是一个很严谨的人，在开始研究之前，他先查阅了大量资料，看看其他学者之前取得了哪些成果。这一查不要紧，他发现了艾弗里在1944年发表的论文，当时整个科学界都还没有意识到这篇论文的重要性，而查伽夫发现了它的宝贵价值。查伽夫认为艾弗里的发现已经证明了核酸在遗传过程中的重要作用，而查伽夫是一位化学家，他决定在自己的领域里深入挖掘，进一步搞清楚DNA分子之中的秘密。

查伽夫很清楚艾弗里认为DNA是基因的载体这个观点和四核苷酸学说是冲突的，如果艾弗里是正确的，那么，四核苷酸学说就一定有问题。既然这样，那就来证明一下四核苷酸学说到底对不对。于是，查伽夫开始对DNA中的四种核苷酸的含量进行了测量，这绝对属于化学研究的范畴，查伽夫实践起来得心应手。经过很多次实验和反复测量之后，查伽夫发现莱文的四核苷酸学说确实错了！究竟错在哪儿了呢？

按照"四核苷酸学说"，DNA分子里四种核苷酸的含量是相等的，它们的比例是1:1:1:1。但是，查伽夫经过测量之后发现，真相并不是这样的。原来，在DNA之中，腺嘌呤A和胸腺嘧啶T的含量总是相等的，比例是1:1；而鸟嘌呤G和胞嘧啶C的含量也总是相等的，比例也是1:1。不管是不是同一种生物，都符合这个特点。但A+T和G+C的含量不一定相等，在同一种生物体内，A+T和G+C的比值都是一样的，哪怕是在不同的器官和组织里，这个比值也是一样的，而在不同物种的生物体内，A+T和G+C的比值却不一样。

这就是查伽夫法则，我们不妨把它整理一下：1.不管是在哪种生物体内，腺嘌呤A和胸腺嘧啶T的含量总是相等的，鸟嘌呤G和胞嘧啶C的含量也总是相等的；2.不同生物的DNA碱基组成是不一样的；3.在同一种生物体内，身体里不同器官和组织的DNA的碱基是一样的。

很容易看出，有了更为精准的查伽夫法则，莱文提出的四核苷酸学说就不攻自破了。既然DNA的结构不像莱文设想的那么简单，很有可能是一种结构复杂的分子，那么，它也就有可能是基因的载体了。

1950年，查伽夫发表了一篇论文向大家公布了自己的研究成果，也就是上面提到的查伽夫法则。但是，查伽夫虽然发现了核苷酸中碱基的比例，依然没能揭示DNA分子的结构，不过，他的成果将会给其他科学家提供非常重要的启发。

接下来，另外两位科学家进一步确认了艾弗里的成果，彻底证实 DNA 就是基因的载体，这两位科学家采取了怎样巧妙的思路呢？

赫尔希和蔡斯的结论：基因在 DNA 里

格里菲斯证明细胞中的某种化学物质是基因的载体，埃弗里进一步证明了这种物质就是 DNA。只不过，如果我们回顾艾弗里的实验便会发现，他的实验确实有可能存在一些缺陷，这也是艾弗里如此谨慎的原因之一。

艾弗里的实验思路是"做减法"，他把细胞的成分都罗列出来，并且怀疑它们都有可能是基因的载体。之后，艾弗里一样一样地去除这些成分，然后观察转化现象是否存在。那么，在去除这些成分的过程中，真的能完全去除干净吗？如果实验技术没有达到要求，这些成分还有残留，那么，艾弗里的实验就算不上完全可靠。

想要解决这个问题，可以采取和艾弗里相反的思路，使用"做加法"的办法。如果能找到一种合适的运输工具，把有可能是基因载体的东西一样一样地运到细胞里，然后再观察转化现象是否存在，比如把某一种物质运到了细胞里，之后出现了转化现象，那么，这种物质一定就是基因的载体，而且因为只运输了这一种物质，所以不会被其他物质干扰，实验结果自然是非常准确的。

1952年，两位美国科学家正是采取了这种"做加法"的思路，通过实验证明了艾弗里的结论是可靠的。这两位科学家分别是阿尔弗雷德·赫尔希（Alfred Hershey，1908—1997），以及他的助手玛莎·蔡斯（Martha Chase，1927—2003）。

我们知道细胞已经是很小的东西了，想要把某种物质运输到细胞里那真是件比登天还难的事情。而赫尔希和蔡斯真的找到了一种极其微小的运输工具，这种运输工具是一种比细胞小很多的微生物，叫作噬菌体。

噬菌体是一种病毒，结构特别简单，只是一个蛋白质构成的外壳，里面包裹着DNA（或RNA）。因为它的结构实在是太简单了，噬菌体根本不能自己合成养分，所以只能从其他生物那里掠夺，它的目标正是细菌。

噬菌体首先会附着在细菌的表面，然后把自己的基因注入细菌的体内。之后，这些基因会利用细菌体内的养分疯狂繁殖，最终导致细菌死亡，这也正是"噬菌体"这个名字的来由。

赫尔希和蔡斯只要让噬菌体入侵细胞，然后观察细胞中哪种物质增长得最多，便可以确定这种物质就是噬菌体基因的载体了。但是，当噬菌体的基因载体疯狂增长的时候，赫尔希和蔡斯要怎么才能确定它们就是DNA呢？

要知道，当艾弗里公布了自己的成果之后，并没有立刻得到科学界的认可，其中有个重要原因是当时的科学家们普遍认为DNA的分子结构太简单，不可能是基因的载体。他们觉得蛋白质的分子结构特别复杂，它才更有可能是基因的载体。而噬菌体也只有这两种成分。所以，如何区分DNA和蛋白质对于赫尔斯和蔡斯来说就非常重要了。这其实也不难，因为两者之间有个很大的区别，DNA含有磷元素而没有硫元素，蛋白质则恰恰相反，只有硫元素而没有磷元素。

于是，赫尔希和蔡斯让噬菌体的遗传物质在细菌内繁殖，他们经过实验发现其成分中磷元素的含量很高。这就充分说明含有磷元素的DNA就是基因的载体。这个实验最终证明 DNA就是遗传物质，从古希腊时代开始，2000多年来人们苦苦寻觅的那种"小颗粒"终于现出了庐山真面目。

赫尔希因为这项研究获得了1969年的诺贝尔生理学或医学奖。尽管他们进行的研究被称为"赫尔希－蔡斯实验"，

蔡斯却没能获得诺贝尔奖，这也是诺贝尔奖历史上的遗憾。

格里菲斯和艾弗里对转化现象的研究极其重要，他们共同证明了生物的基因就记录在DNA分子之中。但当时"四核苷酸学说"的影响力太大了，大部分科学家都认为DNA分子的结构十分简单，不能记录生物复杂的遗传信息，这让艾弗里没能理直气壮地宣布自己的发现。赫尔希和蔡斯非常幸运，由于查伽夫推翻了莱文的"四核苷酸学说"，使得他们摆脱了这个错误理论的干扰，从而证明了艾弗里发现的正确性。

DNA是一种大分子，接下来的研究则需要进一步发现它的结构了，而研究分子结构就不是化学家的事情了。现在，生物学领域需要物理学家的加入，问题是那些优秀的物理学家会放弃自己的专业转而进入生物学领域吗？

第十章　**20 世纪**

还有一步之遥

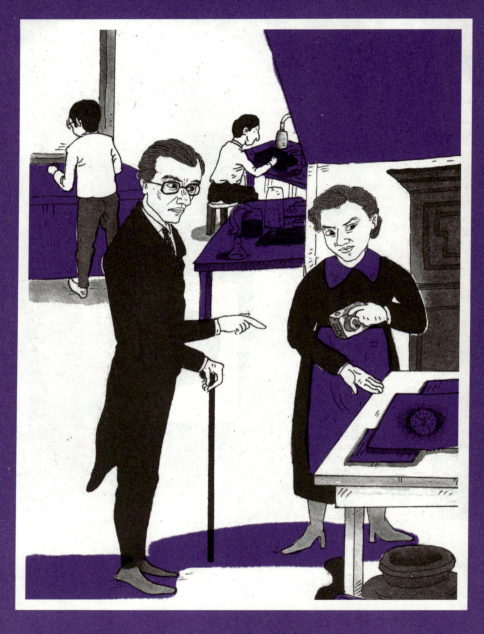

莫里斯·威尔金斯（Maurice Wilkins，1916—2004）
罗莎琳德·埃尔西·富兰克林（Rosalind Elsie Franklin，1920—1958）

化学家给予遗传学提供了很大帮助，而此时的遗传学需要研究DNA分子的结构，这就属于物理学的范畴了。物理学家因为种种原因加入遗传学研究的领域，并穷尽他们的奇思妙想给DNA分子拍了照片。虽然DNA分子很小，这些模糊的照片依然提供了重要线索。

物理学家进军生物学：让人心灰意冷的战争

遗传学发展到这个阶段就需要物理学家参与其中了。研究分子结构在当时是非常尖端的技术，必须是最高水平的物理学家才能胜任，可物理学家忙着研究物理，他们根本没有时间也没有打算涉足生物学领域的研究。偏偏是在这个时候，一场巨大的灾难降临了，不过，也正是这场灾难让一大批物理学家开始对生物学感兴趣，这究竟是怎么回事呢？

　　这场巨大的灾难就是第二次世界大战。你肯定非常熟悉，在第二次世界大战期间，中国也是重要的战场。日本军队悍然入侵中国，中国人民奋起反抗，最终取得了抗日战争的胜利，抗日战争正是反法西斯战争的重要组成部分。当中国军队在正面战场抗击侵华日军的同时，同盟国中的其他国家也没有停下对抗日本的脚步。1939年，英国和美国开始研究一种威力巨大的武器并希望这种武器可以帮助同盟国取得胜利，这种武器就是原子弹。

　　研究原子弹需要物理学家，尤其是核物理学家，当时英国的核物理学非常发达，所以研究原子弹的基地就被设在了英国首都伦敦。这样的计划当然是最高机密，参与其中的物理学家必须隐姓埋名，所以从这个时候开始，英国和美国那些著名的核物理学家几乎同时销声匿迹了。

　　但是，在1942年，危险突然降临到这些科学家的头上。原来在这一年里，德军的飞机轰炸了英国，虽然德军还没有专门针对原子弹研究基地进行攻击，但眼看着伦敦已经变得危险起来，于是，研究基地被转移到了美国纽约市的一个区——曼哈顿，研究原子弹的计划也被命名为"曼哈顿计划"。

你肯定知道，曼哈顿计划最终取得了成功。1945年，美国在日本的广岛和长崎先后投下了两枚原子弹，几乎彻底毁掉了这两座城市。这样巨大的破坏力打垮了日本的信心，也直接导致第二次世界大战结束，但原子弹带来的和平代价实在是太大了，两枚原子弹在日本造成了无数人的死亡，这不仅让日本人心惊胆战，连参与曼哈顿计划的物理学家们都感到非常意外。他们谁都没有想到一枚原子弹就能毁掉一座城市，这样的威力是前所未有的。如果未来制造出大量的原子弹在战争中使用的话，后果将不堪设想。甚至可以说，当原子弹被制造出来的那一刻起，人类拥有了毁灭自己的能力。

物理学家们虽然"立下大功"，但其中很多人都感到心灰意冷，他们万万没想到自己的努力居然催生出如此强大、能夺取无数人生命的武器。于是，很多物理学家开始怀疑：难道物理学已经走到了一条错误的道路上？正是带着这样的怀疑，很多物理学家纷纷离开了自己心爱的物理学领域，他们怀揣着一身好本领转行投入生物学研究。恰好在这个时代，遗传学进入研究分子结构层次的阶段，正需要物理学家的参与。

就这样，第二次世界大战这样的灾难间接地促进了生物学的发展。

战争结束之后，一位曾经参与曼哈顿计划的物理学家毫不犹豫地投身生物学，并且在DNA分子结构的研究上做出了重要贡献。

威尔金斯的功绩：我给 DNA 拍照片

这位投身生物学的物理学家叫作莫里斯·威尔金斯（Maurice Wilkins，1916—2004），他是英国人。威尔金斯全家本来生活在爱尔兰，不过，他父亲带着全家人迁居到新西兰，威尔金斯出生在新西兰，在他6岁的时候，全家又搬到了英格兰的伯明翰，所以威尔金斯的青年时代大部分是在英国度过的。

威尔金斯的经历看似挺复杂，实则很简单。在他出生的时候，英国实力非常强大，不管是爱尔兰还是新西兰，都是英联邦的一部分。别看威尔金斯一家人搬来搬去，其实这些地方都隶属当时的英国，所以说威尔金斯是英国人完全正确。

1935年，威尔金斯进入剑桥大学开始学习物理学，并顺利拿到了博士学位。如果是在和平年代，威尔金斯很可能

一辈子都坚持物理学研究，不幸的是，第二次世界大战爆发
了。你肯定还记得，为了研究原子弹，英美两国最优秀的物
理学家几乎同时隐姓埋名藏起来搞研究，威尔金斯就是其中
的一员。能参与这么尖端的研究项目，足以说明威尔金斯的
学术水平相当高超。

虽然威尔金斯是从物理学家转行而来的，但对遗传学研
究他并不是新手。原来，当初在伦敦上大学的时候，威尔金
斯就已经开始进行DNA分子结构方面的研究了。现在战争
已经结束，他终于有机会继续研究DNA分子了。不论是生
物学家还是物理学家，在从事科学研究的过程中都要做大量
的实验，但他们采取的实验方法差距非常大。孟德尔和摩尔
根就是典型的生物学家，他们繁殖豌豆和果蝇，然后从这两
种生物的特征中总结遗传学规律。而威尔金斯是物理学家，
他的研究方法看起来更简单直接。如果DNA是基因的载体，
那么，为何不直接给DNA的分子拍张照片，看看它的结构
和基因的特征是不是相符呢？但分子非常小，怎么才能给它
拍照片呢？威尔金斯用到了一项新技术——X线衍射技术。
这项技术的原理非常复杂，下面我试着简单地解释一下。

假设我们在一张桌子上放一个水杯，然后用一支手电筒
照过去，水杯就会在桌子上留下一个影子。如果你把这个影

子的照片拿给别人看，别人很难猜出杯子到底什么样。如果你从各个角度用手电去照水杯，然后把杯子每次形成的影子都拍照记录下来，我们就可以从无数影子的照片去推断水杯究竟长什么样子。你也许会问，杯子就放在桌子上，我们直接去给它拍一张照片不是更简单吗？确实如此，如果研究对象是杯子的话，我们当然没必要采取这么烦琐的方法，这是因为杯子相对较大，是我们用肉眼看得见、摸得着的东西。

但是，分子不是杯子，它们实在太小了，我们就算用显微镜也看不见。在这种情况下，想要了解分子的结构就只能采取拍摄影子那种方法了。当然，如此之小的分子用普通的光线也不行，需要使用X线。我们可以这样理解，所谓X线衍射技术，其实就是用X线去照射需要研究的东西，通过形成的"影子"去了解这种东西的结构。不过，还有一个问题，水杯放在桌子上不会自己移动，但分子每时每刻都在运动，这种无规律的运动叫作布朗运动，这个运动是用生物学家罗伯特·布朗（Robert Brown，1773—1858）的姓氏命名的。

因为分子的运动形式极其复杂，想要找到它们的运动规律几乎是不可能的事情。正因为在X线照射分子的过程中，无数分子都在胡乱移动，我们只能得到一个模模糊糊的影子。那该怎么办呢？美国加州理工学院的两位科学家莱纳斯·鲍林（Linus Pauling，1901—1994）和罗伯特·科里（Robert Corey，1897—1971）解决了这个问题，他们的办法是将分子转化成晶体形式，这样一来，分子里的原子就会相对固定在某个位置上不动。

什么是晶体呢？如果某种物质内部的分子排列得特别有规律，就是晶体。比如，我们在厨房里能见到的盐和白砂糖都是晶体。如果某种物质内部的分子排列得很杂乱、没有规律就是非晶体。鲍林和科里发明的技术就是把生物体内的某些分子转化成为晶体，这样一来，就可以使用X线衍射技术来给它们拍照片了，鲍林也因为这项技术获得了1954年的诺贝尔化学奖。

有了鲍林发明的这项技术，威尔金斯就可以大展拳脚了。有一次，威尔金斯在提取DNA的时候无意间发现DNA形成了一些细丝，他在一种特殊的偏振光显微镜下观看的时候发现，这种纤维不但形状一样，而且是对称的。于是，威尔金斯想到这些纤维里的分子很有可能也是排列得非常规律的，他认为把DNA当成实验材料研究分子结构是特别合适的。就这样，威尔金斯使用鲍林发明的技术拍摄出了世界上第一张DNA分子的X线衍射照片。

对于外行人来说，从这张照片里根本看不出什么，但对

生命的螺旋阶梯

于威尔金斯这样的物理学家而言，这张图像包含着丰富的信息。他推测DNA分子是好几根链条盘绕在一起形成了类似螺旋的结构。的确，威尔金斯的猜测是对的，遗憾的是，进行到这里已经到达他能力的极限了，毕竟他的生物学知识不够丰富，因此，没办法进行更深入的研究了。此外，虽然他精通物理学，但在X线衍射方面算不上专家，对于DNA结构的展现，他拍摄的照片还不够清晰。尽管如此，他对于发现DNA结构的贡献是功不可没的，因为他指明了新的研究方向。

随后，尽管威尔金斯的老师指出了他研究中的缺陷，但也肯定了他的思路是正确的，于是，这位老师聘请了另外一位科学家沿着这个方向继续前进。

富兰克林的突破：我拍的照片更清楚

这位新招募来的科学家名叫罗莎琳德·埃尔西·富兰克林（Rosalind Elsie Franklin，1920—1958）。在20世纪50年代，科学界几乎是男性的天下，女性科学家可以称得上凤毛麟角，富兰克林这样一位优秀的女科学  家的出现，为整个科学界带来一束耀眼的光芒。

富兰克林是英国人，出生在一个富裕的犹太人家庭，她的父亲是一位银行家，她的叔叔是一位出色的政治家，曾任英国的内政大臣，也是第一位在英国内阁任职的犹太人。可以说，富兰克林的家境非常优越。由于家庭条件好，富兰克林从小受到了很好的教育，而且展现出很高的天分。在她成长、学习的路上，获得了无数荣誉，除了在音乐方面乏善可陈，其他领域几乎没有弱项。她不但物理、化学相当出色，体育也出类拔萃，还熟练地掌握了德语。

1938年，富兰克林进入剑桥大学，她在这里师从维尔夫人（Adrienne Weill，1903—1979）。维尔夫人来自法国，是居里夫人（Marie Curie，1867—1934）的学生。如此说来，富兰克林也算得上是居里夫人的传人。

维尔夫人对金属的研究非常深入，在研究金属结构的时候，X线衍射技术非常重要。因此，富兰克林得到了难得的机会，在维尔夫人的教导下，熟练掌握了X线衍射技术。在跟着维尔夫人学习科学知识的同时，能力超群的富兰克林还顺便学会了法语，并且说得相当流利。

在第二次世界大战期间，富兰克林开始对一种很常见的东西进行研究，那就是煤炭。千万别小看煤炭，它不仅是很棒的燃料，还有其他广泛的用途。富兰克林经过研究发现，煤炭可以用来制造防毒面具，在那个战火纷飞的年代，这是非常有用的知识。更重要的是，研究煤炭需要很多关于晶体的知识，富兰克林因而成为结晶方面的专家。1945年，第二次世界大战结束，富兰克林也在这一年凭借对煤炭方面的出色研究成果拿到了剑桥大学的博士学位。

战争之后富兰克林来到了法国巴黎继续深造，在这里，她之前和维尔夫人学的法语派上了用场。在这座充满浪漫气息的城市，富兰克林没有忙于游览那些著名景点，而是把自己的时间全部用到了科学研究上。只用了短短几年时间，富兰克林就在结晶和X线衍射技术方面成了世界一流专家，可以说，她是最适合沿着威尔金斯开辟的道路前进的人选。

就在这个时候，威尔金斯的老师慧眼识英才，邀请富兰克林回到英国。富兰克林刚回到英国的时候，威尔金斯正好在外度假，威尔金斯的老师便给他写了一封信，信里非常明确地说富兰克林不是威尔金斯的助手，而是要接手威尔金斯之前的成果，独立进行研究。但威尔金斯根本没看这封信，当他回到实验室的时候，发现了新来的富兰克林，于是，想当然地认为这是老师给自己安排的新助手。毕竟他已经在DNA结构的研究领域小有名气，认为这位年轻的女科学家不可能与他平起平坐。

富兰克林非常清楚自己有出众的能力，完全能够独当一面，根本不需要威尔金斯的指导。事实上，威尔金斯也确实没有指导富兰克林的能力，而且富兰克林习惯独来独往，不喜欢跟别人沟通交流，这样一个出色的、很有个性的女科学家又怎么可能甘心当威尔金斯的助手呢？

结果没过多长时间，威尔金斯和富兰克林的关系就变得很差。尽管研究方向一致，又是同一个研究机构的同事，可两个人变得像敌人一样。再加上当时的科学界并没有实现男女平等，比如，学院里的公共休息室就不允许女士进入，哪怕她是拥有世界水平的科学家。因此，虽然在相同的环境里工作，女科学家承受的压力要比男科学家多得多，富兰克林深深地感受到了这样的不平等。

富兰克林是女性，比威尔金斯年轻，名望比威尔金斯小，她的能力较之威尔金斯却有过之而无不及。两个人谁也不服谁，他们之间的矛盾越来越深，几乎无法调和。不过，哪怕是在这样的环境下，富兰克林还是顶住了巨大的压力做出了超过威尔金斯的贡献。

在使用X线衍射技术研究DNA结构的过程中，威尔金斯虽然成功拍摄了照片，但这些照片十分模糊，他一直认为这是因为他使用的DNA纯度不够。所以，在很长一段时间里，威尔金斯都在提升DNA纯度上下功夫。可是，富兰克林发现问题的关键并不在纯度，而是环境的湿度。富兰克林认为纯净的DNA分子其实有两种形式，在干燥的状态下是A型晶体，在潮湿的状态下则是B型晶体。在观测DNA时，如果周围环境的湿度发生了改变，DNA分子就会发生变化，那么，拍摄出来的照片也会受到干扰，变得模糊起来。沿着这个思路，富兰克林设计了一个装置，它的作用就是保持环境恒定的湿度，这就可以让DNA分子一直保持理想状态。

就这样，富兰克林终于拍摄到了非常清晰的X线衍射照片。这个时候，威尔金斯提出与她合作，但被高傲的富兰克林一口拒绝了，她认为这和投降没什么区别。结果，两个人的关系变得更差了，完全成了针锋相对的敌人。

得到了这张清晰而优美的图片之后，富兰克林又对DNA分子进行了定量测定，也就是对DNA分子的各项数据进行更精确的测量。之后，她发现DNA分子是由不止一个链条构成的，而且磷酸构成的骨架在外侧，胸腺嘧啶、鸟嘌呤等碱基在内侧。更厉害的是，富兰克林已经意识到DNA中的碱基一共有4种，分别是两种嘌呤和两种嘧啶，她认为两种嘌呤之间可以互相替换，两种嘧啶之间也可以互相替换，但嘌呤和嘧啶之间不能替换。

可以说，经过富兰克林的研究，距离揭开DNA分子结构的真相只有一步之遥了。她已经为科学界做好了一切准备，再需要多一点时间和灵感，DNA结构的秘密就会被彻底揭开。

遗憾的是，在富兰克林生活的年代，科学界堪称群星璀璨，富兰克林只不过稍微慢了一些，发现DNA结构的这项成就便被别人捷足先登了。是谁抢在了她的前面呢？

第十一章　20 世纪

英雄所见略同

詹姆斯·杜威·沃森〈James Dewey Watson，1928— 〉
弗朗西斯·哈利·康普顿·克里克〈Francis Harry Compton Crick，1916—2004〉
纳斯·卡尔·鲍林〈Linus Carl Pauling，1901—1994〉

想要揭开DNA分子结构的秘密需要生物学家和物理学家通力合作。幸运的是，有两位重要的科学家在1951年相遇了，他们一位精通生物学，一位是卓越的物理学家，他们的相遇是科学史上的一段佳话。不过，科学研究更要分秒必争，还有很多科学家想要揭开DNA的秘密，他们能够率先取得成功吗？

沃森的兴趣：我要追随前辈的脚步

谈及生物学家的知名度，达尔文、孟德尔和摩尔根必然名列前茅，而沃森和克里克之所以可以和他们相提并论，是因为这两位科学家也做出了具有划时代意义的贡献——阐明DNA分子的结构。

詹姆斯·杜威·沃森（James Dewey Watson，1928— ）的父母是英国人，不过，在沃森出生之前，他们全家就移民到了美国，因此，沃森在美国芝加哥出生、长大。15岁时，沃森拿到奖学金进入芝加哥大学，他在学习方面很有天分，他的学习之路顺风顺水，在芝加哥大学顺利毕业后，从1948年开始在美国的印第安纳大学攻读博士。

博士学习期间，沃森遇到了两位重量级的专家，他们分别是萨尔瓦多·爱德华·卢里亚（Salvador Edward Luria，1912—1991）和马克斯·路德维希·亨宁·德尔布吕克（Max Ludwig Henning Delbrück，1906—1981）。这两位科学家曾经进行了一项非常著名的研究，被称作"卢里亚－德尔布吕克实验"。这项实验的结果非常重要，因为它证明了达尔文的理论是正确的！这是怎么回事呢？

说起这个问题，我们要回想一下达尔文的进化论。我们都清楚生物在遗传的过程中会出现变异，但生物的变异是不是随机的呢？在19世纪，有些科学家认为进化是有方向的，所以生物的变异不是随机的，而是朝着某个预先设定好的方向发生的。但达尔文认为生物的变异是随机发生的，只有那些能适应环境的变异才能被保留下来。达尔文的观点确实没错，不过，在当时并没有实验能证明这一点。而卢里亚和德尔布吕克把细菌当成实验对象，在繁殖了无数的细菌之后，两位科学家仔细地观察了细菌的变化，最终得出结论进化确实是随机的，印证了达尔文观点的正确性。

有趣的是，早在19世纪达尔文就提出了饱受争议的进化论，关于它的争论一直延续到了20世纪，甚至在今天依然存在。卢里亚和德尔布吕克的研究为进化论提供了强有力的支持，正是凭借如此重大的贡献，卢里亚和德尔布吕克在1969年一起获得了诺贝尔生理学或医学奖。这里要特别提一下德尔布吕克，不光是他本人，连他的学生们都有不少优秀人才荣获了诺贝尔奖。

那么，这两位世界级的专家给沃森带来了怎样的帮助呢？

在博士学习期间，沃森在卢里亚的影响下了解到艾弗里的成果，你肯定还记得，正是艾弗里最早证明了DNA分子就是基因的载体。这个发现深深影响了沃森，让他决定通过研究分子来了解生物学的秘密。只不过，此时的沃森还没有下定决心研究DNA，他只是按部就班地完成了博士学习。博士毕业之后，沃森又在1950年9月直奔丹麦的哥本哈根大学进行为期一年的博士后研究。

1951年春天，在博士后研究期间，沃森去了一趟意大

生命的螺旋阶梯

利的旅游胜地那不勒斯。不过，他倒不是为了旅游，而是因为这里举办了一场学术会议，世界各地的资深学者都参加了这次会议，并且发表了自己的研究成果。正是在这次会议上，沃森遇到了另外一位重要的科学家，他就是给DNA分子拍照片的威尔金斯。威尔金斯虽然学术水平很高，但演讲水平十分有限，本来非常重要的成果从他嘴里阐释出来就显得十分枯燥无聊。还有另外一个原因，就是威尔金斯的研究实在太高深了，大部分人都听不太懂。沃森却不一样，毕竟他跟随卢里亚和德尔布吕克这样的专家学习过，也相信DNA就是基因的载体，可见他的生物学知识相当扎实。

威尔金斯在台上滔滔不绝，其他科学家都快睡着了，只有沃森听得津津有味，越来越觉得DNA分子非常值得研究。尤其是在演讲快结束的时候，威尔金斯展示了DNA分子的X线衍射照片，更是让沃森眼前一亮！这张照片解答了沃森长久以来的一个疑问，基因会把生物的性状传递给后代，所以基因的载体一定是有规律的；如果基因的载体不稳定、没规律，那么，生物的后代变成什么样岂不是也没有规律了吗？因此，沃森非常担心DNA的结构是没有规律的，如果是这样的话，艾弗里、赫尔希和蔡斯的结论就会被推翻，DNA是基因的载体这个结论就不成立了。就在威尔金斯展示照片的时候，沃森敏锐地意识到这张照片可以说明DNA的结构是有规律性的。

所以，对DNA进行研究大有前途！我们已经知道，威尔金斯虽然拍摄了DNA的第一张X线衍射照片，但这张照片非常模糊，他根本没有意识到样本湿度的重要性，所以拍摄技术始终没有提高。更何况，威尔金斯对生物学尤其是遗传学的了解不多，尽管这张照片是他亲手拍摄的，但他本人也没有意识到这张照片的真正价值到底有多大。

可以说，威尔金斯在无意间给沃森带来了希望。沃森当然想跟威尔金斯畅谈一番，试图得到更多启发，可威尔金斯并没有理会他。一方面，威尔金斯是个内向的人，根本不喜欢跟陌生人说话；另一方面，沃森完全没想到自己能遇到如此重要的演讲，是抱着姑且一听的态度来的，这种态度也反映在了他的穿着打扮上，沃森穿了一件皱皱巴巴的衬衣和一条膝盖有破洞的牛仔裤，这种形象无法让威尔金斯对沃森产生好感。

两个人就这样错过了一次绝佳的交流机会。威尔金斯当然不会觉得有什么遗憾，沃森却恨不得马上再次见到威尔金斯，于是，在1951年的下半年沃森结束博士后研究之后，义无反顾地决定去英国。沃森的求学经历相当顺利，他畅通无阻地在剑桥大学的实验室找到了工作，这样他离威尔金斯只有80公里远了。此时的沃森对X线衍射还没有什么了解，但他知道威尔金斯掌握的技术正是他需要的。

　　只不过，沃森万万没想到，刚到剑桥的第一天他就遇到了比威尔金斯更重要的人。

沃森与克里克的友谊：理想让我们相遇

　　这个对沃森而言比威尔金斯还重要的人叫作弗朗西斯·哈利·康普顿·克里克（Francis Harry Compton Crick，1916—2004），他是个地道的英国人。在科学研究方面，克里克可以称得上是家学渊源深厚，因为克里克的爷爷就是一位业余的博物学家，而且跟达尔文是朋友。克里克的叔叔也非常喜欢科学研究，克里克小时候就经常跟着叔叔吹玻璃、做化学实验和拍照片。之后，克里克的学习之路一帆风顺，不但一直在名校就读，而且总是能拿到丰厚的奖学金，后来还顺利地进入著名的伦敦大学学院，开始把全部精力投入物理学研究。

　　第二次世界大战的时候，克里克的博士研究受到了极大干扰，特别是在德军轰炸伦敦时，一颗炸弹落到了克里克的实验室，把他的实验仪器都炸毁了。不过，就算是遇到了这样的困难，克里克也没停止研究的步伐。在第二次世界大战期间，他不但把自己的研究搞得有声有色，还给海军提供了不少帮助。当时，为了对付德国的潜艇，盟军需要造出更厉害的水雷，在这件事上克里克起到了非常重要的作用。

在前面的故事里我们知道，第二次世界大战以后很多物理学家开始改行，纷纷投入生物学研究当中，克里克也是其中一个。1947年，克里克开始学习生物学，他的主攻方向是细胞的物理学性质，在这个领域他也干得有声有色。

想要研究DNA的结构，需要生物学和物理学的结合。沃森是一位生物学家，并且能意识到物理学的重要性；克里克是一位物理学家，又懂得生物学知识，可以说，在这条研究之路上，两个人可谓最理想的组合了。就这样，在1951年，沃森和克里克在剑桥大学相遇了。他们都想破解DNA结构的秘密，共同的理想让他们一拍即合。这一年，沃森只有23岁，克里克虽然是位成熟的科学家，但也只是个35岁的年轻人。也正是在1951年，另一位科学家宣布自己破解了蛋白质分子结构的秘密，这给沃森和克里克带来很大启发。

生命的螺旋阶梯

　　在威尔金斯的故事里，我们已经认识了莱纳斯·鲍林。正是他提出了用X线衍射的方法研究有机分子，威尔金斯靠这项技术拍摄了DNA的X线衍射照片。但其实我们还不知道鲍林到底有多厉害。

　　鲍林在科学界的地位非常高，他曾经被评为人类历史上最伟大的20位科学家之一。2000年，在评选人类历史上的科学家时，鲍林名列第16位。鲍林曾得过两次诺贝尔奖，分别是1954年的诺贝尔化学奖以及1962年的诺贝尔和平奖。

　　要知道，到现在为止，得过一次以上诺贝尔奖的人只有四位，而且鲍林荣获的化学奖和和平奖是不同领域的，历史上做到这一点的只有两个人——鲍林和居里夫人。更厉害的是，诺贝尔奖有时候是颁给一个人，有时候是同时给两个人甚至更多人。鲍林不但两次获奖，而且每次都是自己独享这个荣誉，这在历史上是绝无仅有的。

鲍林这样一位影响力极大的科学家，也对生物体内的分子结构进行了非常深入的研究。1951年，沃森听到了威尔金斯的演讲，之后在剑桥大学遇到了克里克。也正是在这一年的4月，鲍林提出了蛋白质的结构模型。

组成蛋白质的基本结构是氨基酸，而氨基酸组成蛋白质的最基本结构就是一根长长的链条。按照鲍林的描述，氨基酸长链条首先形成螺旋状，就像弹簧一样，这样一来链条的长度就被缩短了。但这根弹簧还是太长了，它会进一步盘曲压缩，最终形成近似球形的分子。鲍林的论文充满了复杂的数学计算，但在研究鲍林的论文之后克里克敏锐地发现，虽然鲍林用了复杂的数学计算，可他的结果其实跟这些计算关系并不大，更多的还是依靠鲍林自己的想象。

于是，克里克有了一个奇妙的想法，数学计算对研究分子结构不那么重要，如果我们用简单的模型来试着拼出分子的结构，不就能把复杂的科学变得简单了吗？听到这个奇思妙想，沃森立刻兴奋地表示赞同，这简直就是用玩具进行科学研究啊。但同时他们也感到了一丝紧张，因为鲍林已经破解了蛋白质结构的秘密，有传言说他已经开始研究DNA分子的结构了。

如果鲍林这种水平的科学家进入这个领域，那将是沃森和克里克最强劲的对手，想要抢在鲍林之前完成这项研究每一分钟都不能浪费。就这样，沃森和克里克马上动起手来。他们的"游戏"会成功吗？

沃森和克里克的挫折：科研需要争分夺秒

沃森和克里克两个人怀着同样的理想，他们都希望自己可以揭晓DNA结构的秘密，聚在一起两人总有说不完的话，特别是之前已经有那么多科学家的重要成果，非常值得被反复仔细讨论。

别忘了，沃森来英国的目的就是接近威尔金斯，虽然一年前在那不勒斯他没能引起威尔金斯的注意，但到了英国之后，沃森终于有机会拜访了威尔金斯，并且与之建立了联系。威尔金斯虽然和富兰克林的关系很差，但对沃森这个年轻人还是很照顾的，只要有学术交流的机会，便会邀请沃森一同参加。还是在1951年，威尔金斯所在的大学有一场学术演讲，演讲人正是富兰克林。11月21日，在威尔金斯的

邀请下，沃森听到了这场演讲。要知道，当时参加这次活动的只有15人，如果没有威尔金斯的邀请，沃森肯定没有这样的好机会。

虽然富兰克林和威尔金斯关系很差，但两个人有一点相似，他们的演讲水平都不高。富兰克林已经意识到DNA分子的基本结构是几条由核酸组成的链条，磷酸位于这些链条的外侧。但她得到的结论有些含糊，并没有清楚地阐释DNA分子的结构，在用干巴巴的语调说完自己的发现之后，这场演讲就结束了。在富兰克林演讲的过程中，沃森的目光炯炯有神，他听得十分专注，甚至连笔记都顾不上写。这是沃森一生中参加的最重要的学术会议，但他居然没有记笔记，好在富兰克林演讲的内容已经给了他极大启发。

第二天，沃森心里依然很兴奋，他迫不及待地要把自己听到的告诉克里克。两个人仔细讨论了富兰克林的发现之后认为，从X线衍射照片里确实可以证明DNA分子里存在核酸链条。他们要做的就是用已有的结论建立一个合理的分子模型。接下来，沃森和克里克用铁丝、小圆球做材料，开始搭建DNA分子模型，没用多长时间他们就完成了一个勉强合格的模型。

在这个模型里，有三条核酸组成的螺旋状链条，糖基和磷酸在这个链条的内部，碱基在这个螺旋的外侧。沃森和克里克觉得这个模型有很多细节存在问题，为了让这个模型更加完善，他们想到请别人帮忙。他们想请的不是别人，正是已经掌握定量测量技术的威尔金斯和富兰克林。收到沃森和克里克的邀请之后，威尔金斯和富兰克林毫不迟疑，第二天早晨便坐火车来见他们。威尔金斯和富兰克林满怀期望而来，毕竟他们也在这个领域进行了很长时间的研究。但一看见这个模型，两人就发现这个模型存在无法弥补的缺陷，简单地说，沃森和克里克的思路完全是错误的。

威尔金斯还算含蓄，并没有批评得太直接。富兰克林就不一样了，她性格直率，拿出训自己学生的架势，把沃森和克里克狠狠地批评了一顿，说他们设计的这个模型简直一无是处。于是，会面就这样尴尬地结束了，沃森和克里克十分沮丧，富兰克林觉得自己的时间白白被浪费了，即刻带着满腔怒气坐火车回去了。

初次尝试就遭受这么沉重的打击，沃森和克里克感到非常失望。然而，没过多长时间，更大的打击来了。这次打击来自美国的一对黄金搭档，他们就是当初发明了 X 线衍射技术的鲍林和科里。

在 1953 年 1 月，鲍林和科里发表了一篇论文，提出了他们设计的 DNA 分子结构模型。巧合的是，他们提出的模型也是有螺旋状的核酸链条，与沃森和克里克的模型一样，鲍林和科里的模型也有三条核酸链，也是碱基在外侧，糖基和磷酸在内侧。科学研究是一场竞争非常激烈的比赛，世人只会记得第一个提出正确观点的人，稍慢一点，所有的努力都可能付诸东流。所以，当听到鲍林和科里发表论文的时候，沃森和克里克立刻产生了巨大的危机感。

如果鲍林和科里的结论是正确的，沃森和克里克就不需要继续研究了。为了确定自己的事业是否还有发展前途，沃森和克里克怀着忐忑的心情阅读了鲍林的论文。这一看不要紧，沃森立刻发现，别看鲍林是顶尖的科学家，他居然犯了非常低级的错误。鲍林设计的这个模型特别不稳定，就算真的存在这样的分子，也会马上崩解。简而言之，鲍林也错了。

到了这个时候，DNA分子结构的研究似乎失去了方向，这么多能力非凡的科学家都犯了错误，这项研究还有希望吗？谁都没想到的是，其实希望就在眼前，没过多长时间，发生了一件令人意料不到的事情。

第十二章　20 世纪

曲终人不见

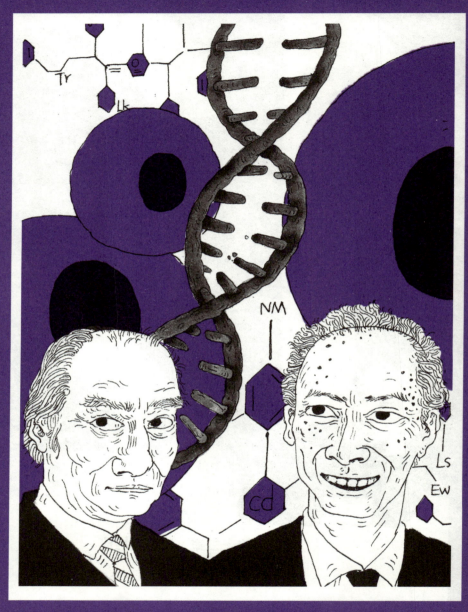

莫里斯·威尔金斯（Maurice Wilkins，1916—2004）

罗莎琳德·埃尔西·富兰克林（Rosalind Elsie Franklin，1920—1958）

詹姆斯·杜威·沃森（James Dewey Watson，1928—）

弗朗西斯·哈利·康普顿·克里克（Francis Harry Compton Crick，1916—2004）

　　DNA分子是简洁而优雅的双螺旋结构，发现这个奥秘的部分科学家因此获得了诺贝尔奖。实际上，在推动遗传学进步的辉煌道路上，还有很多科学家默默无闻地做出了不可磨灭的贡献，他们的名字同样值得我们牢牢铭记。

沃森和克里克的成就：生命的螺旋阶梯

　　1953年1月，鲍林和科里发表了论文。这个月还没结束，沃森就迫不及待地来拜访威尔金斯和富兰克林，希望从他们这里能得到新的启发。只不过，沃森与富兰克林的交流一如既往地不顺利。

　　沃森和富兰克林见面后，自然会讨论鲍林新发表的论文，可惜两个人观点不一致，越聊分歧越大，性格高傲的富兰克林甚至被沃森气得站起身来在实验室里走来走去，最后吓得沃森只能悄悄溜走了。被富兰克林训斥了一通的沃森又找到了威尔金斯，他们倒是很有共同语言，在一番畅谈之下，威尔金斯无意间告诉了沃森一个天大的秘密。

原来，富兰克林一直在改进X线衍射技术，就在1952年，她已经拍摄出非常清晰的X线衍射照片。富兰克林本人也对这张照片非常满意，认为这是她拍摄的最完美的DNA分子的照片。这个成果属于富兰克林，如果其他人想要使用照片的话，当然应该征求她的意见。威尔金斯却忽视了这项科学界的基本规则，他擅自拿出了富兰克林拍摄的照片交给沃森看。威尔金斯是物理学家，他的长项和富兰克林一样，就是拍摄X线衍射照片。因为他对生物学不了解，所以就算拿到了清晰的照片，也没办法理解这张照片所能揭示的秘密。沃森就不一样了，他是生物学家，虽然不会拍照片，但他更能理解这张照片的意义。

在看到富兰克林拍摄的照片的瞬间，沃森就被深深地震撼了。这张照片极其清晰，沃森立刻意识到只有在螺旋结构的情况下，DNA分子才会呈现出照片中那种十字形的形态。也就是说，沃森和克里克之前设想的DNA分子呈螺旋状的假设是正确的。

更重要的是，从这张照片出发，只需要进行简单的计算，就能知道DNA分子之中核酸的含量。这样，一来知道了DNA分子的形状，二来知道了其中核酸的含量，那么，破解DNA分子结构的秘密就不是遥不可及的梦想了。

带着无比兴奋的心情，沃森回到剑桥大学，找到自己的好搭档克里克，他们已经明确了正确的方向，接下来的工作进行得就十分顺利了。首先，他们反思了自己和鲍林犯过的错误。他

们之前设想的DNA分子模型都是碱基在外侧，这样的结构是不稳定的，在自然界里也不可能存在。所以，沃森和克里克认为碱基肯定是在DNA分子的内侧。更重要的是，从富兰克林拍摄的照片之中，沃森敏锐地意识到DNA分子中的碱基链条不是3条，而是2条！

之后，他们想到既然碱基链条在内侧，而且有2条碱基链条，那么，新的问题出现了。我们已经知道碱基有4种，而碱基链条就像一把很长的钥匙，每一个碱基就是钥匙上的

一个齿。既然是这样，要是将两把钥匙放在一起，它们的齿怎么才能完美地结合在一起呢？在解决这个问题之前，新的问题又出现了。现在，沃森和克里克知道了DNA分子里有核酸链条，位于分子内侧，也知道了链条呈螺旋状。但是，DNA分子骨架的外部尺寸有多大呢？关于这个问题的数据也是必不可少的。

事实上，已经有科学家测量出DNA分子骨架的大小，这个人正是拍摄出DNA分子清晰照片的富兰克林。但是，这些数据也是属于富兰克林的，沃森和克里克是怎么得到的呢？要知道，科学家的研究也是受到相关机构监管的，他们需要向相关机构报告自己的研究进展。在1952年，威尔金斯和富兰克林曾经公开了一份报告，内容是关于DNA分子研究的最新进展，其中就包括了DNA分子尺寸的数据。于是，另一件令人不可思议的事情发生了，收到这份报告的委员会居然把它转给了沃森和克里克。就这样，沃森不但在威尔金斯那里看到了富兰克林拍摄的照片，还在这份报告里得到了富兰克林的研究数据。

除了这些，沃森和克里克还想到一个重要的知识，那就是查伽夫提出的查伽夫法则。这也是他们的幸运，因为恰好在1952年，查伽夫来到剑桥大学进行学术访问，沃森和克里克从他那里了解到查伽夫法则：DNA分子中的A和T的含量是一样的，而G和C的含量是一样的。在DNA分子之中，A和T总是成双配对，而G和C也一样。这究竟意味着什么呢？

1953年2月28日的早晨，沃森感到灵光一现，突然明白了一个道理：既然碱基链条像钥匙，碱基就是钥匙齿，而不同的钥匙齿之间还存在配对关系，那么，DNA链条的结构已经呼之欲出——DNA分子的碱基链条存在配对关系，然后形成双螺旋结构！

沃森刚想到这一点，克里克便来到了实验室。沃森迫不及待地把自己的发现告诉了克里克，克里克一听就确信沃森的想法一定是正确的。接下来，沃森和克里克沿着这个正确的思路前进，终于提出了DNA分子结构模型：

一、DNA分子是由两个链条组成的，这两个链条盘旋形成了双螺旋结构。

二、脱氧核糖和磷酸排在双螺旋外侧，形成DNA分子的骨架，碱基在内侧。

三、两个链条上的碱基连接形成碱基对，而且配对有一定的规律：腺嘌呤A一定和胸腺嘧啶T配对，鸟嘌呤G一定和胞嘧啶C配对。碱基配对时，这种一一对应的关系叫作碱基互补配对原则。

富兰克林的遗憾：世界欠她一个诺贝尔奖

在2000多年的时间里，无数学者不断地思考和研究有关遗传学的问题，并且在解答旧问题的基础上不断提出新问题。究竟是否有一种物质承载了遗传信息？这种物质是什么？它的结构是什么样的？

在1953年，DNA的双螺旋结构回应了这些问题的最终答案，这个结构如此简洁、优雅地揭示了生物学界长久以来的大秘密。在DNA长长的链条上，那些碱基排列出长长的密码，正是这些密码记录了关于生命的全部信息。毫无疑问，这是一个里程碑式的发现。

你可能会问，既然这个发现如此重要，参与研究的人一定会得到诺贝尔奖吧？这是当然的！但问题是，在DNA双螺旋的发现过程中，很多人都做出了突出的贡献，谁才应该拿到这个奖项呢？

率先发表论文对这个问题一锤定音的是沃森和克里克，也正是他们明确提出了双螺旋结构，如果罗列诺贝尔奖的候选人名单，这两位必定榜上有名。而在整个研究过程中，威尔金斯也功不可没，是他最早拍摄了DNA分子的X线衍射照片，才启发了此后一系列的研究，威尔金斯还给沃森和克里克的研究提供了很多帮助，让他一起获得诺贝尔奖理所应当。

没错，1962年，沃森、克里克和威尔金斯共同获得了诺贝尔生理学或医学奖，三个人获得这个奖项可谓实至名归，沃森和克里克的友情更是科学史上的一段佳话。至此，困扰生物学界2000多年的问题终于有了一个圆满的大结局。

等等！富兰克林去哪儿了呢？

如果说拍摄X线衍射照片很重要，富兰克林的贡献远比威尔金斯大得多：第一，她不但拍摄了极其清晰的X线衍射照片，而且发现了DNA分子含水量不同时形态不同；第二，她对DNA分子的大小进行了测量，这也是确定DNA分子结构必不可少的条件。可以说，富兰克林为发现双螺旋结构做好了一切准备，距离真相只有一步之遥。我们甚至可以设想，如果再给她一些时间，富兰克林很有可能独立发现双螺旋结构。但是，如果没有她的研究成果，沃森和克里克是不可能成功的。从这个角度看，富兰克林才是发现双螺旋进程中必不可少的那个人。

别忘了，沃森和克里克可是在富兰克林不知情的情况下拿到了她最重要的研究成果。在1953年沃森和克里克发表论文的时候，他们在论文中提及受到了威尔金斯和富兰克林的启发，只是既没有详细说明，更没有致谢。

也许在整个故事里，我们看到的富兰克林是一个性格高傲、急躁，对待同行并不友善的人，也见到她多次和其他科学家面红耳赤地争论、争吵。但是，了解到她生活的真实环境之后，我们就能理解她为什么会那样做，富兰克林的境遇确实见证了那个时代女科学家遭受的不公正待遇。

令人遗憾的是，当诺贝尔奖这项荣誉到来的时候，富兰克林却再也没有机会获得了。因为在1958年，她便身患癌症去世了。四年之后的1962年，诺贝尔奖委员会才把奖项颁发给了另外三个人。

不得不说，这个世界欠能力超群的女科学家罗莎琳德·埃尔西·富兰克林一个诺贝尔奖。

沃森的错误：落寞的收场

对于全世界的顶尖生物学家来说，他们一眼就看出DNA双螺旋结构的价值，也意识到了富兰克林的重要贡献。

在1962年的诺贝尔奖结果公布之后，科学家们很快开始为富兰克林打抱不平。沃森和克里克多次触及富兰克林的研究成果，却没有得到她本人的同意。为了解释这个问题，沃森写了一本自传，讲述了他发现DNA双螺旋的过程，这本书名叫《诚实的吉姆》。

不管怎么说，沃森已经是颇具影响力的诺贝尔奖得主了，哈佛大学出版社答应出版这本书。沃森把这本书写完将书稿交给了生物学领域的科学家审阅，然而科学家们对这本书非常不满意，他们认为沃森非常不厚道，对其他科学家的评论过于刻薄，特别是对已故的富兰克林造成了很深的伤害。

很多著名的科学家发表文章对沃森的这本书进行了批评，其中包括克里克的老师、诺贝尔奖得主勃罗兹。连合作伙伴的老师都批评自己，沃森只能改变自己的态度了。就算是这样，沃森仅是在书的结尾添加了一章内容。在这一章里，沃森对富兰克林的贡献大加赞赏，但他对书中之前的章节并没有进行修改，整体看来他依然没有对富兰克林的成就做出客观、正确的评价。

因为沃森坚持不改变自己的态度，哈佛大学出版社拒绝出版这本书。沃森最终把这本书改了个名字，叫作《双螺旋——发现DNA结构的故事》并把它交给另外一家出版社，这才在1968年得以出版。正是因为有这样的故事，这本《双螺旋》受到了两种不同的评价：有人认为这本书风趣幽默，讲述了生物学史上一个伟大发现的过程；也有人认为这本书讲述的故事不够真实，是沃森在为自己开脱和辩解。

只不过，哪怕是沃森为自己开脱，书中也有一个无法回避的问题，那就是他不得不承认自己是在富兰克林不知情的情况下看了她拍摄的照片。事实上，在沃森的另一部著作之中，他仍然继续擅自使用了富兰克林拍摄的照片。

在之后的几十年里，沃森在美国冷泉港的国家癌症研究所任职，长期从事有关癌症的研究工作。凭借发现DNA双螺旋享誉世界，头顶诺贝尔奖得主的光环，沃森在这里有非常优越的生活和工作条件，堪称名利双收。如果沃森就这样在这里安静地过完一生，他的人生看起来精彩而圆满。但沃森是个不甘寂寞的人，2018年，他又发表了一番惊世骇俗的言论，这些话激怒了世人，让沃森受到了来自全世界的批评。

其实，早在2007年，沃森就在接受采访的时候表示人类不同种族之间的智力存在差异，这在当时就激起了大家的强烈反对，也导致沃森不得不放弃实验室的工作退休了。遗憾的是，经过了十几年的思考，沃森不但没有改变，反而变本加厉。在2018年拍摄、2019年播放的一部纪录片里，沃森再次明确表示智力存在种族差异，这是彻头彻尾的种族主义言论，当然会让观众感到不适。

我们已经知道，19世纪时，包括高尔顿、海克尔在内的很多科学家把生物学引向了优生学的方向，这些研究在后来为种族主义提供了理论基础，这无疑是科学研究的黑暗时刻。

虽然和达尔文一样，沃森也做出了里程碑式的贡献，是一个时代的代表人物，但显然沃森缺少达尔文那样的智慧。当沃森发表了这些言论之后，他所在的实验室宣布彻底和他断绝关系，并收回他获得的一切荣誉称号。尽管在我写下这本书的时候沃森依然在世，但可以预见的是他只能带着这些不光彩的评价告别人世了。

克里克的进展：DNA 的作用

1962年诺贝尔奖颁发之后，富兰克林已经去世数年，威尔金斯在原来的大学继续进行研究工作，但没有更为出色的成果了，沃森则远赴美国名利双收。对威尔金斯和沃森而言，这已经是他们科学生涯的最高峰。

至于克里克，在发现DNA双螺旋结构的时候，他还没有拿到博士学位，因为第二次世界大战影响了他的学业。1954年，克里克终于获得了博士学位，他的博士论文正是关于如何使用X线研究生物分子。在之后的时间里，克里克对生物分子进行了更为深入的研究，他开始思考一个全新的问题。DNA分子确实是基因的载体，那4种碱基就像是4个字母，它们形成的长链条就是用这4个字母写成的信件。在生物繁殖的过程中，这4个字母写成的信就被传递了下去。但新的问题来了，基因不能只是复制和传递自己，既然它记录了生物的全部信息，那么，在生物发育的过程中，是如何利用这些信息发育成完整的新个体呢？简单地说，写下基因的信件被一代代传递下去了，但如何阅读这封信并把信里的密码翻译出来呢？

事实上，这个问题的重要性不亚于DNA的结构问题。如果一封信的内容很重要，但没人能看懂，那这封信就毫无价值。但DNA显然是有价值的，所以在生物体内，一定有一种特殊的机制能翻译这封信的内容，克里克的目标就是搞清楚这些密码是如何被翻译的。

神奇的是，对于这么复杂的问题，克里克没用几年时间就得出了结论。1958年，克里克提出了极其重要的"中心法则"。那么，这个重要的法则说了些什么呢？

首先，我们来回顾一下化学家的贡献。米歇尔发现DNA的成分中含有核酸。核酸可以分成两种，分别是脱氧核糖核酸DNA和核糖核酸RNA。DNA和RNA都有4种碱基，所以它们可以执行非常相似的功能。

在人体中，DNA分子很大，但RNA分子很小。克里克发现这些小小的RNA分子就像翻译机，它们分段读取DNA上的信息，然后按照翻译出来的内容指导合成蛋白质分子。蛋白质分子在我们体内的作用十分强大，我们消化食物使用的酶、血液里负责运输氧气的血红蛋白等都是蛋白质。蛋白质是构建我们身体最基本的零件之一，正是因为有了蛋白质的作用，生物体才能存在。

这个翻译DNA信息、制造蛋白质的过程，就体现了中心法则。在这个过程里，DNA把信息传递给了RNA，RNA又按照这个信息指导生产蛋白质。那么，RNA能把信息传递给DNA吗？能。蛋白质能把信息传递给DNA和RNA吗？不能。虽然DNA和RNA都是核酸，简单地说，遗传信息只能从核酸传递到蛋白质，但不能从蛋白质传递到核酸，这就是中心法则的含义。

最后，让我们再次回顾一下。

2000多年前，已经有一些学者认为是一些微小的颗粒传递了遗传信息。众多科学家首先确认了这些小颗粒的存在，之后又发现这些小颗粒就是染色体。接下来，科学家们进一步发现染色体中含有的DNA和RNA两种核酸，正是基因的载体。最终，沃森和克里克阐述了DNA的结构，克里克搞清楚了这种结构能如何发挥作用。

不得不说，克里克的研究更进一步，这是对DNA双螺旋结构研究的重要补充。凭借这项重要贡献，克里克配得上

自己所获的诺贝尔奖。2004 年，克里克因病去世。他的同事说克里克在临终前还在修改论文，他至死都坚守在科学岗位。

　　当我们展望遗传学的未来，眼前有无限光明的道路。当我们回望遗传学过去的这段历史，那些聪明的头脑争相登场，他们或睿智、或孤独、或傲慢、或勤奋。尽管每个人的性格和人品各不相同，但在推动遗传学进步的道路上，他们都做出了不可磨灭的贡献。

后面的话：
科学理念永存

　　遗传是如何发生的？是否有一种物质记录了遗传信息？这种物质是什么？它的结构是什么？这一系列问题困扰了科学家2000多年，无数充满智慧的头脑为解答这些问题贡献了自己的力量。

　　直到DNA双螺旋结构的提出，这些问题终于有了最终答案。但是，结束也是新的开始。在DNA双螺旋被揭示之后，科学家们仍在孜孜以求。在接下来的岁月里，他们在这个发现的基础上又得出了很多重要的结论。

碱基的排列顺序是如何蕴含基因的？有没有可能把人类的基因画成图谱呢？DNA分子是如何复制的？除了复制之外，基因还能用于建造生物的躯体，这是如何完成的？基因是否可以被修改、编辑呢？基因编辑能起到什么作用呢？这些问题涉及生物学最尖端、最前沿的内容，直到今天仍然有无数科学家为之努力，也有很多科学家因为这些研究而获得诺贝尔奖。

遗传学是生物学的重要组成部分，无论是现在还是未来，它都有无限的发展空间。也正是因为这个原因，21世纪被称为生物学的世纪。也许你要问，既然包括遗传学在内的生物学这么重要，生物学的成果影响到我们的生活了吗？答案是：影响太大了。

你肯定还记得，这本书的故事开始于大米，早在一万年前，我们的祖先就已经开始种植水稻、收获大米了。大米是如此让我们着迷，哪怕是隔了一万年的光阴，依然有人继承了改良水稻品种的优良传统，他就是袁隆平。

袁隆平（1930—2021）出生时，正是摩尔根的基因学说崭露头角的年代。但是，当袁隆平在1953年毕业于西南农学院的时候，摩尔根的科学理论却受到了批驳。原来，苏联的一些科学家此时违背了基本的科学精神，他们认为摩尔根的基因理论是错误的，并且提出了一些荒谬的生物学理论。而在那个时候，中国的科学界深受苏联的影响，于是，这些错误理论也被传到了中国。

是盲目地听信这些错误理论还是坚持科学精神开展自己的研究呢？袁隆平交出了最完美的答案。他不迷信权威，而是秉承科学态度去开展自己的研究。在20世纪60年代，袁隆平在简陋的实验条件下，依然克服了重重困难，培育出了能大幅度提升产量的杂交水稻品种。在之后的几十年时间里，袁隆平不断努力改良杂交水稻品种，为水稻研究付出了毕生的精力，获得了巨大的成就。

袁隆平的成就之大，不仅在于提高水稻产量，更在于紧跟科学发展，把最前沿的科技引入自己的研究之中。当全世界的基因研究日新月异的时候，正是袁隆平在2010年率先开始用基因技术改良水稻，虽然水稻已经在中国的土地上生长了一万多年，但在袁隆平手中，它又焕发出了新的生机。

凭借伟大的贡献，袁隆平被尊称为"杂交水稻之父"，2019年被授予了"共和国勋章"。这是对袁隆平院士科学精神的肯定，也是对生物学的贡献做出的肯定。在未来的日子里，生物学也必定在科技前沿占有一席之地，因为科学精神后面的话：
科学理念永存

不会褪色，投身生物学研究的人也永远闪闪发光。

你愿意成为其中的一员吗？

213